Con el deseo de que
conozcáis mejor Gredos
y, para ello, volváis de
nuevo.

Madrid, septiembre 2009

J. Rodríguez

EL CIELO QUE VEMOS

COLECCIÓN NUEVA LITERATURA

JUSTINO RODRÍGUEZ

EL CIELO QUE VEMOS

NUEVA LITERATURA

EDICIONES LA TIERRA HOY

LA TIERRA HOY, S.L. 2009
C/ San Emilio,64 -Madrid 28017
www.latierrahoy.com
ediciones@latierrahoy.com

ISBN: 978-84-96182-58-5
Depósito Legal: CC-415-09

Impreso en España- Printed in Spain.

I.G. Grafivera S.L. Jaraiz de la Vera (Cáceres)

A María y a Alberto,
amigos entrañables.

Mi agradecimiento a **Luis Calderón** *por su ayuda y por la ilusión y el esfuerzo que ha puesto para realizar las ilustraciones de este libro.*

Agradecimiento a la Dirección del hotel EL MILANO REAL por proporcionar y autorizar la utilización de las fotografías del establecimiento en este libro.

"El misterio es la cosa más bonita que podemos experimentar. Es la fuente de todo arte y ciencia verdaderos".

Albert Einstein

I

Como cada tarde de domingo, al amor del fuego de la chimenea, preparo mis libros, los apuntes que he pasado a limpio durante el fin de semana y todo lo necesario. Mañana lunes, para mí desdeñable como todos, tomaré el primer AVE de la mañana con destino a Madrid. De nuevo me sumergiré en la rutina de mi trabajo de estudiante y seré una vez más víctima de las prisas de la gran ciudad. Me hundiré en su inmenso y sonoro silencio, y me volverá a fascinar su misterio indescriptible. Abrumarán mis pupilas surtidores de destellos y luces infinitas, abrazadas por la sombra inagotable de la noche que se derretirá lentamente en el crisol de auroras cárdenas y violáceas. Y, sobre todo, estaré fuera de mi hogar, de aquello que me ha rodeado durante toda mi infancia y gran parte de mi adolescencia. Mi habitación, refugio inexpugnable, quedará durante toda la semana desierta, estática y sin vida, inundada sólo por el frío volumen de mi ausencia. No me cobijarán las voces, por lejanas ininteligibles, de mis padres, que charlan en el salón. Ni podré polemizar con mi hermana por cualquier cuestión tan intrascendente como disparatada. Sobre esto he de decir que, en realidad, nunca me importó, ni me importa, el motivo de la polémica ni siquiera vencer o terminar derrotado en la misma. Lo que me divertía y me divierte es verla enrabietada y, a veces, fuera de sí por el fragor de la contienda.

Las tardes de domingo, cuando pienso en mi marcha a la gran ciudad, me invade una sensación de pérdida; siento como que al día siguiente voy a perder algo y, llegado el lunes, me percibo como en un auténtico y desvalido abandono.

Pero eso será mañana. Ahora es el momento de disfrutar de la calidez del hogar y del sosiego que me proporciona no estar sometido a horarios. Sin embargo, las tardes de domingo siempre me han parecido extrañas, como un puente invisible que debo recorrer para pasar del gratificante fin de semana al quehacer diario. Durante el recorrido de este puente temporal me suelo refugiar en mis recuerdos. Recuerdos pintados de nostalgia, esculpidos momento a momento con la alegría propia de la niñez, primero, y de la adolescencia, después. Y es, que la tarde de hoy invita especialmente al recogimiento, a la mirada introspectiva. Es una tarde lluviosa de invierno. Un cielo plomizo pesa sobre la ciudad y una bruma vaporosa marca, a lo lejos, el cauce del río. Los domingos la ciudad se sumerge en la calma. Un halo de silencio la rodea y la envuelve; la acaricia y la mece. Sus calles, habitualmente bulliciosas por el trasiego de coches y peatones, ahora aparecen desoladas, sumidas en una triste quietud y adornadas con el enigma de lo solitario. Una inquietud indefinible me invade entonces al observarla; una sensación de que ha ocurrido o va a ocurrir algo imprevisto, maléfico, me intranquiliza, me turba, me desasosiega. Es la misma sensación que, desde niño, había experimentado al recorrer aquellas calles casi solitarias.

Algo parecido me sucede con la soledad. Mis soledades hacen saltar, como si de un resorte se tratara, los recuerdos, a veces, no exentos de añoranzas.

Me encuentro solo en casa. Mis padres y mi única hermana, Isabel, han salido. Todavía con un libro en la mano me acerco al ventanal del salón. La silueta de la ciudad aparece teñida de gris. Tras sus formas borrosas por la bruma invernal reconozco el Monasterio de San Juan de los Reyes, <<fiel exponente del gótico isabelino, construido por encargo de los Reyes Católicos para conmemorar la Batalla de Toro >>. Recuerdo esta frase de mis años de estudiante de Bachillerato. Una de las torres de la Catedral, erguida por encima de los demás edificios, parece deseosa de herir el cielo. Las cuatro torres del Alcázar, corona de un edificio reconstruido, se difuminan y se rompen, se distorsionan y se yerguen altivas, arropadas por la bruma, como fantasmas espectrales, intentando evocar, quizás, un pasado turbulento.

La ciudad aparece ante mis ojos como pintada en un cuadro enmarcado por el ventanal. Es en estos instantes cuando, envuelto por el silencio de mi agitada soledad, un sinfín de recuerdos afluyen en tropel, inundando mi mente. Sin saber muy bien por qué, dirijo la mirada hacia mi viejo telescopio. Telescopio que en otro tiempo fue mi ventana abierta al universo de estrellas, pero que hoy adorna un rincón del salón. Y, como tantas veces, una sensación de gozo me invade al recordar.

II

Mis recuerdos no eran sueños, fruto de la imaginación de un niño, sino reales y auténticos, pero yo los evocaba con la misma fruición que los cuentos infantiles.

Había cumplido once años cuando, no sé por qué motivo, mi hermana y yo hicimos un viaje de fin de semana con mis abuelos maternos. Aquel día no podía sospechar que los viajes se iban a prolongar durante años, hasta convertirse en costumbre ni que yo interpretaría cada uno de ellos como una auténtica aventura.

Fue en primavera. Un sol radiante producía destellos, como relámpagos de plata y oro, en los cristales y en las partes metálicas de los coches, que encontrábamos en la carretera. Mi abuelo conducía concentrado en la autovía; mientras mi abuela, a su derecha, nos hablaba con el fin de mantener nuestra atención, temerosa de que comenzáramos con alguna de nuestras frecuentes y fútiles riñas. Mi abuelo, aficionado siempre a la práctica del deporte, al senderismo y al contacto con la Naturaleza, nos llevaba a pasar el fin de semana en la Sierra de Gredos.

Cuando abandonamos el llano, un rosario de montañas parecía cortarnos el paso. La carretera, serpiente teñida de gris plomizo, ondulaba, se retorcía y, a lo lejos, aparecía y desaparecía montaña arriba, abriéndose paso entre árboles y matorrales. En algunos tramos podíamos contemplar los coches que iban delante como colgados sobre nuestras cabezas, arriba, casi en la cima. La majestuosidad de aquellas montañas me impresionó en nuestro primer viaje y me seguía sobrecogiendo cada vez que hacíamos este recorrido, a pesar de haberse convertido en habitual. En algunos tramos podíamos contemplar la carretera como un delgado y largo balcón colgado en la pared, casi vertical, de la montaña, camino del cielo. Al culminar el puerto de montaña, un cartel informaba a los viajeros: <<Puerto del Pico, altitud 1391 m>>. En la cima del puerto un falso llano, como una plataforma, contenía una cafetería-restaurante y un mirador. Desde allí se podía contemplar la inmensa alfombra verde, que parecía tapizar las ondulantes faldas de la cadena montañosa. Abajo, hacia el Sur, un abismo recorrido por un valle teñido de un verde azulado, salpicado por las manchas rojizas de los tejados de pequeñas poblaciones, por las que habíamos pasado o no, en la subida. Era el <<Barranco de las cinco villas>>, que se abría al valle del Tietar. Hacia el Norte, la cuenca del Alberche y al fondo, en el horizonte, las sierras de la Paramera y la Serrota.

Hacia el Este, el pico Torozo y hacia el Oeste, el macizo central de Gredos con cumbres como La Mira. Nos encontrábamos en lo que había sido durante siglos el paso natural entre la Meseta Norte y la Sur; en la divisoria de las cuencas del Tietar y el Alberche, nos explicó mi abuelo. A partir de aquí, la carretera parecía darnos una pausa. Pero al llegar a la Venta de la Rasquilla, giramos a la izquierda para tomar otra carretera, que volvía a serpentear, camino del Macizo de Gredos en una subida más suave hasta el Parador de Turismo. Durante esta subida, a la izquierda, tras una zona más o menos llana, aparecían altivos picachos de color ceniciento que siempre me intimidaron.

—Estamos a mil seiscientos metros de altitud —nos dijo mi abuelo al coronar la subida, justo en la puerta del Parador.

Pero ante mis ojos perplejos de niño aparecía todavía una cadena montañosa muy elevada, cuyas cimas, desnudas de toda vegetación, rompían el horizonte. <<Si estamos a mil seiscientos metros de altitud, ¿qué altura tendrán aquellas montañas que parecen tocar el cielo?>>, pensé.

Poco a poco, en posteriores viajes, fui descubriendo aquellos lugares. Mi abuelo se convirtió en mi mejor fuente de información. Yo preguntaba con machacona insistencia y él me respondía pacientemente, pero dejando entrever una fuerza tal en sus respuestas que jamás tuve la menor duda de que alguna no fuera exacta o que en algún aspecto estuviera equivocada. Años más tarde descubriría que él poseía la, para mí, extraña combinación de la sabiduría dada por el conocimiento de las personas y la experiencia acumulada a lo largo de los años, al mismo tiempo que la basada en el estudio y la observación. Además, yo le había investido ya con la túnica de autoridad y sabiduría que le proporcionaba ser <<el abuelo>>, mi abuelo. Fue así como comencé a conocer, tanto accidentes geográficos como situaciones históricas y leyendas sobre aquellos parajes.

La cima más alta era la del Pico Almanzor, de casi dos mil seiscientos metros sobre el nivel del mar, que debe su nombre al famoso caudillo moro, en su tiempo llamado también <<el azote de los cristianos>>, del que se cuenta que fue capaz de subir a este pico a la grupa de su caballo.

La Galana, denominada así por su majestuosidad, con dos mil quinientos sesenta y cuatro metros.

El Ameal de Pablo, muy próximo a La Galana, cuya cima <<El yunque>> alcanza los dos mil quinientos cinco metros.

La Mira, desde cuya cima se pueden contemplar unas vistas inigualables, a dos mil trescientos cuarenta y ocho metros de altitud.

El Morezón, balcón desde donde se puede contemplar el Circo de Gredos con la Laguna Grande al fondo.

Los Tres Hermanitos, tres esbeltas agujas, que llaman la atención por lo desafiante de sus siluetas.

<<El Perro que Fuma>>, antiguamente llamado Risco Vicente o El Sobrino, muy próximo a los Tres Hermanitos. De este risco se cuenta, que hacia los años

cincuenta, un grupo de montañeros autodenominados <<La Cordada del Perro que Fuma>>, descubrieron una forma peculiar de predecir el tiempo. Cuando <<fuma el perro>>, se decía, era señal inequívoca de un empeoramiento rápido del tiempo. Este descubrimiento trajo consigo el cambio de nombre. Todas las personas aficionadas a subir montaña arriba conocían este fenómeno y, por tanto, yo nunca lo puse en duda, aunque jamás lo pude comprobar.

El llamado Circo de Gredos era el lugar que antiguamente los naturales de la zona conocían como <<Recuenco>> y la Laguna como <<Riñón>>, refiriéndose a la forma que presentan ambos accidentes geográficos. Contaban los más eruditos que Camilo José Cela en su libro <<Judíos, Moros y Cristianos>> dice que se denominaba a este conjunto, Laguna y Circo, con el nombre <<El Riñón de Recuenco>>. Parece que la denominación de Circo de Gredos se debe a Manuel G. de Amenzúa, fundador de la Sociedad Gredos-Tormes y Presidente de Honor del Club Alpino Español, quien le dio este nombre cuando lo visitó por primera vez en el año 1898.

Los Galayos, esbeltas y afiladas agujas, separadas por recónditos y angostos canales, deben su nombre a la palabra árabe <<galaa>>, que significa <<roca pelada que se destaca en un monte>>.

Más tarde, poco a poco y en sucesivos viajes, fui conociendo en los pueblos de la zona personas entrañables y personajes tan curiosos y atrayentes que hicieron las delicias de esta época de mi vida. Tanta fue su influencia que creo no poderlos olvidar jamás.

Las subidas a aquellas montañas, que tanto me intimidaban al principio hasta el punto de considerarlas inexpugnables, me permitieron conocer y hasta disfrutar de cerca de la belleza de la Naturaleza y como no, de mi afán de aventura. Pero también me descubrieron el tributo que debía pagar por ello. Tuve que aprender a descubrir los peligros latentes de la montaña y sobre todo reconocí el valor del descanso. Nunca había experimentado descansos más placenteros que los altos en el camino, cuando íbamos montaña arriba.

Sin embargo, mi gran pasión aparecería en el hotel donde nos hospedábamos. En la parte alta del edificio aparecía una cúpula blanca que me llamó la atención al llegar por primera vez. En ella se encontraba emplazado un telescopio, que podían utilizar los clientes del hotel. Aquella fue mi ventana al universo, a mi imaginación desbordante de niño. Y Antonio, el encargado del telescopio, mi guía a través de las estrellas, galaxias, constelaciones, cúmulos estelares… El resto, hasta completar un cuadro tan fascinante como esplendoroso, lo puso mi imaginación. Con ella viajé en fantasmales naves espaciales; recorrí el espacio infinito arrastrado por las aureolas multicolor de galaxias que se me antojaban en los confines del universo; conocí seres extraños, extraterrestres; supe de la profundidad de la negrura y al mismo tiempo de la luz deslumbradora; una inmensidad de luces parpadeantes me rodeaban y vientos de luz rojiza, anaranjada, amarilla, blanca, azulada..., en una mezcla infinita, me transportaban hasta lugares tan lejanos como insospechados. Tal fue la pasión que despertó en mí aquella ventana al cielo que pasaba los días como flotando, ajeno a lo que me rodeaba, deseoso de que llegase la noche y temeroso, al mismo tiempo, de que estuviera nublado. Antonio se esforzaba en explicarme los nombres de las estrellas y su procedencia, la constelación a la que pertenecían, sus distintas intensidades de luminosidad, la historia del telescopio... Todo fue inútil durante algún tiempo. Yo hice del universo mi propio mundo imaginativo y me resultaba tan deslumbrante y atrayente que me negaba a salir de allí. Unas redes invisibles me habían atrapado en aquel lugar de luces parpadeantes, de irisaciones sin fin, de coronas multicolor, de manchas fulgurantes.

III

Mi abuelo, conocedor de mi excesiva pasión por el telescopio, procuraba dirigir mi atención hacia otros campos del conocimiento. Creo que recorrimos todos los pueblos de la zona. A uno íbamos a desayunar, porque allí, le habían contado, ponían unos desayunos suculentos; en otro existía un restaurante donde daban comidas con productos típicos de la zona; en un tercero merecía la pena recorrer sus calles por su tipismo serrano… Así fue como tuve ocasión de escuchar multitud de historias, producto de la sabiduría popular, en boca de los más mayores de los pueblos de la región. Todos se mostraban deseosos de contar las proezas de sus antepasados y cantar los hechos más notables ocurridos en la serranía mediante relatos y leyendas más fruto de la imaginación que de la veracidad. Esto lo descubrí pasado algún tiempo, cuando mi capacidad de raciocinio fue creciendo. Sin embargo, me cautivaban aquellas historias plagadas de fantasía y mucho más escucharlas en boca de aquellos venerables ancianos de rostro curtido por las inclemencias de la montaña. Entre ellos, no faltaba alguno que <<era más leído>>, como ellos decían. Los demás lo respetaban y dejaban para él los datos históricos o, quizás, lo hacían así porque a ellos les gustaban más las leyendas. Es una duda que nunca pude resolver, porque, <<leídos>> o no, todos contaban sus historias con la misma pulcritud y entusiasmo.

Aquel día de últimos de junio, cuando salíamos de disfrutar de un apetitoso desayuno, mis abuelos saludaron a un grupito de lugareños que charlaban animadamente en la puerta del establecimiento. No tardaron en entablar conversación con nosotros. Deseosos de satisfacer su curiosidad nos preguntaban de dónde éramos, dónde nos alojábamos. Seguramente no sospecharon ni por un momento que mi curiosidad era mayor, aunque de otro estilo. Aproveché la confianza y su carácter campechano para lanzarles tal retahíla de preguntas que soltaron al unísono una tremenda carcajada. Por un instante quedé azorado, pero pronto comprendí que debía hacer las preguntas una a una, con la calma y el orden que dicta la prudencia, extremo que a duras penas comprendía mi espíritu fogoso y atrevido de niño. Fue Venancio quien se dispuso a satisfacer mi curiosidad y los demás estuvieron de acuerdo. Deduje que todos estimaban que era el más indicado por sus conocimientos.

—Escucha, mi niño —me dijo— por estos parajes han ocurrido hechos muy importantes.

Su voz tenía un tono amable y protector. Y se dispuso a realizar un resumen de lo que, según su propia opinión, era lo más importante.

—Se cuenta que los <<vetones>>, así los llamaban los romanos, habitaron estos parajes, ocupando las actuales provincias de Salamanca, Ávila, parte de Cáceres, Toledo, incluso una pequeña parte de Madrid. Eran tribus celtas, pueblo antiquísimo, de la Edad del Hierro, insociables y fieros, que vivían del pastoreo, la caza y la pesca. Habitaban en <<castros>>, especie de poblados fortificados o fortificaciones militares, que construyeron aprovechando grandes piedras a modo de murallas, demostrando de este modo su habilidad para protegerse.

—Todavía se conserva la palabra <<castrense>>, derivada de <<castro>>, para referirnos a todo lo relativo a lo militar —apuntó uno de los contertulios como aportación al relato de Venancio.

Por mi parte, estaba encantado y hasta sorprendido de que aquellos hombres, a los que imaginaba cuidando el ganado y cultivando la tierra durante toda su vida, conocieran tantos datos históricos.

Venancio era un anciano orondo, de frente prolongada y pelo completamente blanco. Hablaba sin prisa y, con sus inflexiones de voz, marcaba perfectamente aquello que deseaba resaltar. Creí ver por este detalle la sapiencia que dan los años vividos. No sé por qué, quizás por su semblante, me parecía un filósofo de la antigua Grecia, Sócrates sin barba en concreto, por lo que, desde aquel día, para mí fue Venancio, el Filósofo. Con un ademán captó mi atención, lo que confirmó mis pensamientos. Y continuó:

—De su paso por estas tierras se conservan restos de poblados como el Castro de Peña Mengubela o Castro del Cerro de la Cabra en el término municipal de Ojos Albos, cerca de aquí, y un poco más lejos el Castro de las Cogotas, en Cardeñosa. También dejaron esculturas de toros. Hay quien dice que en realidad son verracos, modelados en piedra granítica, como las figuras del Cerro de Guisando, en el término municipal de El Tiemblo. Estas esculturas son testigos mudos de la llamada <<cultura de las Cogotas>> o <<cultura de los Verracos>>. Se cree que se esculpieron en el Siglo II antes de Cristo. Estas antiquísimas figuras han estado presentes en nuestra literatura y en nuestra historia. Cervantes hace referencia a ellas varias veces en su famoso libro <<El ingenioso hidalgo Don Quijote de la Mancha>> y Federico García Lorca escribe en su libro <<Llanto por la muerte de Ignacio Sánchez Mejías>>:

<<... y los toros de Guisando,
casi muerte y casi piedra,
mugieron como dos siglos
hartos de pisar la tierra...>>

Quedé sorprendido. Recitaba los versos de memoria. Aquella actitud mía le animó visiblemente, tanto que hasta un niño, como lo era yo, se daría cuenta.

Y prosiguió, engolando la voz:

—Además, dan nombre a un tratado histórico, el Tratado de Guisando o Concordia de los Toros de Guisando, entre Enrique IV, rey de Castilla y su hermana, que más tarde sería la Reina Isabel, la Católica. Este tratado se firmó en la que fue, por aquellos tiempos, denominada Venta de la Tablada, el dieciocho de septiembre de mil cuatrocientos sesenta y ocho.
Si hasta se cuenta que Aníbal, aquel famoso general cartaginés de la antigüedad, recorrió estos parajes, en algún momento, durante los años que se prolongó el enfrentamiento que mantuvo con sus enemigos, los romanos.

Recorrí con la mirada a aquel improvisado auditorio y pude comprobar que todos escuchábamos absortos el relato de Venancio.

—No faltaron por esta región hombres valientes, —continuó diciendo Venancio, el Filósofo, cada vez más animado— dispuestos a hacer frente a un ejército tan numeroso y preparado como el de los romanos de aquella época. Las gentes de los alrededores de la serranía, agrupados y acaudillados por el aguerrido Viriato, pastor procedente de Lusitania, hoy Portugal, hicieron frente a las poderosas legiones romanas mediante una guerra de guerrillas. Sin embargo, la diferencia de fuerzas era tan tremenda que los ejércitos romanos sometieron a los habitantes de Candelada y se apoderaron de Candelario, donde Viriato tenía su puesto de mando. Aquella valerosa oposición al poderoso ejército romano terminó cuando Viriato fue asesinado mientras dormía por tres de los suyos, sobornados por el Cánsul Marco Popilio. Cuentan que, consumada la traición, cuando volvieron al campamento romano para cobrar la recompensa, el Cónsul Servilio Cepión ordenó su ejecución con la famosa frase: <<Roma no paga a los traidores>>. En la actualidad, existe una estatua en la ciudad de Zamora en su honor y como recuerdo de la hazaña de Viriato, en cuyo pedestal puede leerse: <<*Terror Romanorum*>>, <<el terror de los romanos>>.

Los romanos, una vez sometido el territorio al que ellos mismos llamaron Hispania, construyeron las famosas calzadas o caminos de los que todavía, después de más de dos mil años, se conservan restos en esta serranía y en otros lugares. Y cerca de aquí, Béjar, por entonces ciudad fortificada, acogió con orgullo a nobles familias del Imperio romano. Incluso el Balneario de Montemayor, cuyas aguas termales tenían y tienen propiedades curativas para algunas enfermedades, ya fueron aprovechas por aquellos nobles romanos. Este balneario, cercano a la pequeña población de Baños de Montemayor, en las estribaciones de la Sierra de Gredos, todavía, en los tiempos modernos, sigue siendo fuente de salud para las gentes que allí acuden.

Dirigí una mirada inquisitoria a mi abuelo. Nunca había oído hablar de este balneario. Mi abuelo me hizo un gesto como disculpándose de no haberme hablado de aquel lugar.

—Más tarde —continuó relatando Venancio— también los musulmanes ocuparon estas tierras durante siglos.

Fueron ciudades afamadas, en tiempos de la ocupación sarracena, Jaraíz y Jarandilla. Después Plasencia y sobre todo Granadilla, pueblo actualmente abandonado, rodeado por las aguas del Embalse Gabriel y Galán. Las huestes sarracenas ocuparon esta serranía y se cuenta que Almanzor, el caudillo moro más famoso y temido de su tiempo, dejó su huella dando su nombre para la posteridad al pico más elevado de Gredos.

Recordé entonces el Pico Almanzor y la hazaña que se contaba de este guerrero musulmán.

Venancio, el Filósofo, contó con el asentimiento de sus amigos. Todos parecieron estar de acuerdo con aquel resumen de hechos acaecidos.

Mi hermana continuaba absorta en no sé qué pensamientos o, quizás, impresionada por lo relatado por Venancio.

Mis abuelos, visiblemente complacidos, se despidieron no sin antes darles las gracias. Por mi parte, desde aquel día, Venancio, el Filósofo, y sus acompañantes fueron como esos amigos que se conocen de toda la vida.

IV

Julián, el Cacharrero, por entonces ya octogenario, era un hombre de cuerpo frágil, extremadamente delgado, pero de mente despejada y mirada de acero. Cordial en el trato, excelente conversador, parecía atravesar a sus interlocutores con la mirada buscando quién sabe qué en lo más profundo de sus corazones. Siempre tuve esta convicción y sospecho que mi abuelo también, aunque nunca me lo confesara. Julián conocía infinidad de relatos sobre estos parajes, motivo suficiente para considerarle entre mis mejores amigos. Para mi abuelo llegó a ser uno de sus amigos más apreciados, aunque por motivos diferentes a los míos. Le consideraba una persona íntegra; comprendía sus durezas, cicatrices de viejas heridas recibidas en su ya dilatado caminar por la vida; y le fascinaban sus convicciones, fruto del apego a su tierra y de experiencias vividas, más que de una vasta cultura. Su familia, su abuelo, su padre y él mismo, habían recorrido la serranía durante años vendiendo pucheros, ollas, cazuelas, botijos, orzas, cántaros, platos y toda clase de objetos. Primero hechos de barro y algunos de diversos metales, y más tarde, a medida que la técnica fue avanzando, fueron cambiando los materiales y los objetos, adaptándose a los nuevos tiempos. De ahí que les apodaran los Cacharreros, porque se dedicaban a vender cacharros. Su trabajo les dio la oportunidad de recorrer toda la comarca y conocer gentes de toda índole, llegando a la senectud con un bagaje importante de conocimientos mundanos. Julián era como un cofre donde se guardaba el tesoro de lo que le habían contado su padre y su abuelo, junto con lo vivido por él mismo. De todo ello lo que a mí me interesaba eran los relatos de antiguas historias, de las que era fuente inagotable.

Una mañana soleada, al resguardo del relente que bajaba de la cercana serranía, encontramos a Julián bajo los soportales del Ayuntamiento.

— ¡Hola Marcos! ¿Qué te trae por aquí a horas tan tempranas? —nos dijo a modo de saludo.

—Buenos días Julián, —respondió mi abuelo—. Este chico me hace preguntas cada vez más difíciles. Estoy seguro de que tú podrás ayudarme a responder.

Quedé sorprendido, porque mi abuelo lo sabía todo. Inmediatamente comprendí que a él también le gustaban los relatos de Julián y sobre todo su forma de contarlos.

—A ver, ¿qué te preocupa hoy Marquitos? —respondió con una amplia sonrisa, clavando en mi sus ojos de acero hasta el punto de intimidarme.

—Cuéntame por qué estas montañas se llaman Gredos —respondí titubeante, aunque en mi fuero interno tenía la seguridad de contar con su afecto y conocía sobradamente que él disfrutaba contando historias tanto como yo escuchándolas.

Julián, para mí el ilustre Cacharrero, hizo ademán de apoyarse en su bastón de álamo negro, tallado por él mismo, y después de un silencio en el que parecía estar eligiendo las palabras, comenzó.

—Mira Marcos, mi niño, las gentes del lugar son las que más saben de estas cosas, aunque también son las que más fantasean con sus relatos, que convierten en cuentos con su increíble imaginación. Sin embargo, estos relatos adornan y dan vida a fenómenos naturales y situaciones para ellos incomprensibles.

Julián, cuando contaba sus relatos sufría una metamorfosis increíble. Utilizaba palabras y frases muy distintas a las que empleaba habitualmente en nuestras conversaciones. Se transformaba en un hombre ilustrado; y, quizás lo fuera, pero yo, en aquellos momentos, tenía la idea preconcebida de que sólo podía ser ilustrada aquella persona que había estudiado una carrera, como los médicos, los abogados…, o se dedicaba a ciertos menesteres como escribir libros, por ejemplo. Inmerso en estas cavilaciones, llegó de nuevo a mí la voz de Julián con una potencia inusitada.

—Se cuenta que los cabreros, que recorrían estos parajes, denominaban a estos riscos <<greos>>. Se referían a la existencia de unos clamores lastimeros que, de cuando en cuando, salían, como aullidos misteriosos, procedentes, se decía, de una noble, bellísima, y joven ninfa, que habitaba, prisionera de un sortilegio, en las profundas y misteriosas aguas de una laguna, situada en los altos, guardada por dragones. Estos <<greos>> o clamores, unas veces como susurros y otras como gritos desgarradores, pero siempre inquietantes, que la ventisca provocaba al chocar con la vegetación y en los angostos de la sierra, terminaron por dar nombre a este macizo montañoso, Gredos, el más elevado de la Cordillera Central.

Me quedé pensando un momento. En realidad mi pregunta inicial sólo era una forma de romper el hielo. Pero mi intención era provocar a mi amigo para que contara algunas de las muchas historias que conocía. Entonces, Julián, conocedor de que me parecía poco, continuó.

—Cuentan que, cuando Almanzor recorría estas tierras en sus incursiones guerreras, se sintió intimidado y atemorizado por estos riscos, envueltos por latentes amenazas e insólitos misterios, como el de la existencia de una ninfa en la laguna. En aquella época el aguerrido Almanzor hizo prisioneros a unos cabreros. Los obligó a que le condujeran hasta aquel lago misterioso del que se hablaba por los alrededores para socorrer a aquella bellísima ninfa, que, según contaban las gentes, allí permanecía prisionera. Llegados al lugar, esperó día tras día, a que se produjeran aquellos lamentos fantasmales de la laguna, hasta llegar a la desesperación por la infructuosa y desafortunada espera. Los cabreros, conocedores del terreno, para evitar su frustración y con la esperanza de verse libres, se decidieron a despertar los ecos, tan conocidos por ellos, dormidos en las quiebras y hondonadas de las montañas. Colocando sus manos a modo de bocinas, emitieron al unísono y con toda la fuerza de que fueron capaces un grito desgarrador frente a las graníticas paredes escarpadas. La montaña replicó, como si estuviera hueca, temblorosa. Los ecos de aquel infernal griterío, que Almanzor consideró de ultratumba, se repitieron una y otra vez, a medida que se los oía alejarse entre los vericuetos de las montañas. Fue tal el desconcierto de Almanzor que, aterrorizado y sin saber muy bien qué hacer, espoleó su caballo hasta llegar a lo más alto de la cima. Y desde entonces este risco, el más elevado de la sierra, se denominó Pico Almanzor y el circo glaciar, que rodea a la laguna, Plaza del Moro Almanzor.

Julián había abierto su caja de sorpresas. Y, cuando lo hacía, no hallaba la hora de poner fin. Era como una fuente inagotable. Continuó decidido con sus relatos, quizás espoleado, como el caballo de Almanzor, por mi cara de asombro.

—Estos parajes, mi niño, fueron, desde tiempos antiguos, fuente de misterios y leyendas, que se extendieron por los alrededores del Puerto del Pico, en poblaciones como Hoyos del Espino, Navarredonda de Gredos, Barco de Ávila, Bohoyo, Piedrahita...

Cuenta la Historia que Toledo —seguía diciendo, poniendo énfasis en sus palabras— fue la capital más poderosa e influyente de estos y otros territorios que formaban el reino de taifas de Al-Mamun. A su muerte, le sucedió Al-Qádir, durante cuyo reinado, dicha ciudad fue conquistada por Alfonso VI, <<El Bravo>>, rey de León y Castilla, aquel a quien don Rodrigo Díaz de Vivar, apodado El Cid Campeador, tomó juramento en la iglesia de Santa Gadea de Burgos de no haber tenido arte ni parte en la muerte de su hermano Sancho, rey de Castilla. Por aquel entonces estas tierras se repartieron entre las familias de nobles caballeros como: los López Dávalos, los Beltrán de la Cueva, los Álvaro de Luna, la Casa de Alba...

Recordé entonces que mi abuelo, al pasar por Mombeltrán, me había contado que su castillo había sido propiedad de D. Beltrán de la Cueva, Duque de Alburquerque y valido del Rey Enrique IV de Castilla.

La familia López Dávalos —me había contado también— amasó una gran fortuna, fruto de la cual fue la construcción del Castillo de la Triste Condesa en Arenas de San Pedro. En cuanto a los Álvaro de Luna, conocía la Capilla del Condestable, en la Catedral de Toledo, donde reposan los restos de don Álvaro de Luna, de quien se dice que su villa preferida era Escalona. La familia de los Álvarez de Toledo, originaria de Alba de Tormes, surge en la historia nobiliaria española en el siglo XIV al obtener los señoríos de Oropesa y Valdecorneja como recompensa a los servicios prestados al rey Enrique II de

Castilla. García Álvarez de Toledo, Marqués de Coria y Conde de Salvatierra, se convierte en el primer Duque de Alba por concesión de Enrique IV de Castilla.

Mi abuelo era conocedor de estos y muchos más datos históricos. No había lugar que visitáramos del que no me contara algún dato interesante. De esta forma, poco a poco, los castillos, algunos casi derruidos, fueron tomando vida; casas solariegas me mostraron sus secretos mejor guardados; antiguos palacios parecían confesarme las intrigas que en ellos tuvieron lugar… Hasta las piedras, al observarlas, parecían contarme su pasado incierto.

Por aquella época las veladas con mis abuelos y mi hermana se convirtieron en los momentos más deseados. Mi abuela nos contaba sucesos y anécdotas familiares, de mi madre cuando era pequeña, de mis tíos, incluso de ella misma. Y sobre todo de mi abuelo. Mi abuelo, para ella, era caudal inagotable.

—Mirad a vuestro abuelo —nos decía— ahí donde le veis un día…

Y derramaba todo su cariño hacia él, mientras relataba anécdotas y situaciones cómicas. Mi abuelo, por lo general, se limitaba a sonreír complacido, aunque de vez en cuando esbozaba una protesta, quejándose de las exageraciones de mi abuela.

Para mi abuelo teníamos reservadas siempre las preguntas más dispares. Aquellas de las que no se hablaba en el colegio. Él nos contaba y contaba hechos históricos, situaciones geográficas, la vida de personas ilustres…, casi siempre relacionadas con algo que habíamos visto o íbamos a visitar en breve. En multitud de estas ocasiones sorprendí a mi abuela mirándole con admiración y a veces con verdadera devoción. Este hecho me hizo pensar durante largo tiempo hasta que lo comprendí.

Julián me sacó de mis pensamientos, continuando con su relato. Le vi parpadear y, como una ráfaga, pasó por mi cabeza la idea de que ya estaba nervioso, porque no le prestaba la atención que él requería.

—Estas tierras, mi niño, —prosiguió alzando la voz, como si me reprochara mi ensimismamiento— fueron repobladas por pastores y labriegos. Sin embargo, el conocimiento de la Sierra de Gredos por el público en general es relativamente reciente. No hace tanto tiempo que estos parajes pasaron de ser lugares apartados, inhóspitos, cobijo de toda clase de alimañas y lagunas donde habitaban espeluznantes criaturas a ser lugares de caza de la realeza. Fue el rey Alfonso XIII, quien a principios del siglo XX, fomentó la aparición de la primera norma de cacería con el fin de proteger la codiciada Cabra Hispánica, tratando de acabar con los cazadores furtivos. Cuentan las crónicas que el rey fascinado por la belleza de estas montañas, ordenó construir un refugio de caza en los alrededores de Navarredonda de Gredos. Este refugio abrió sus puertas por primera vez en mil novecientos veintiocho, y en su inauguración, el monarca seguramente no pudo ni siquiera intuir que más tarde sería el primer Parador Nacional de Turismo. El edificio luce una portada gótica del siglo XV, traída de Segovia, y alberga valiosos cuadros del extremeño Adelardo Covarsi Yustas, con escenas de caza. Desde entonces este parador ha sido testigo de hechos históricos. El más reciente fue albergar a los ponentes encargados de redactar el proyecto definitivo de la Constitución Española de 1978. Fue en el Salón del Silencio donde se debatió primero y se redactó, después, el borrador definitivo de dicha Constitución.

Julián dejaba translucir tras aquellos ojos, tan profundos como inescrutables, una emoción impregnada de orgullo patrio.

Yo estaba seguro de que sabía muchos más detalles y le incitaba para que siguiera contándome.

—¿Eso es todo, Julián? —le pregunté con actitud cándida.

Julián reconoció rápidamente lo irónico de mi mensaje y, con una sonrisa maliciosa pintada en los labios, continuó.

—Se dice también que, al menos, una de las tres carabelas, utilizadas por Cristóbal Colón en el viaje que dio lugar al descubrimiento de América, fue construida con las mejores tablas de <<pino rojo>>, típico de estas cumbres, que deja crecer la hierba bajo sus copas para alimento del ganado, lo que no permiten otras especies de pinos.

Recordé rápidamente, por mi afición a los barcos antiguos, que las carabelas se construían con la quilla de madera de roble y de una sola pieza. Pero inmediatamente supuse que se refería a alguna otra parte del barco. Porque para hacer las partes altas de las naos sí se utilizó mucho la madera de los pinos de Utrera y para hacer los mástiles, nada mejor que la madera de los pinos, llamados Prusa, traídos de Flandes. Julián notó en mi una cierta actitud de duda, pero siguió con su relato.

—Como puedes comprobar, estos hermosos parajes guardan innumerables leyendas. Algunas tan recientes que los hoy ancianos aseguran haberlas oído de labios de sus abuelos, como la Leyenda de la Cueva del Maragato, un famoso bandolero.

—¿Tú la conoces? —pregunté atropelladamente, olvidando por completo mi duda sobre la carabela.

—Claro que sí. Pero la dejaremos para otro día —respondió aferrándose a su bastón— así tendrás en qué pensar y yo me aseguraré de que vuelves por aquí.

No entendí por qué me decía aquello. Porque yo daba por seguro que iba a volver y él lo sabía. Nos despedimos de Julián, el Cacharrero, pero conmigo iba la curiosidad por conocer el relato de la Cueva del Maragato y el ardiente deseo de volver para escucharla.

V

Durante aquella semana no pude dejar de pensar en la Cueva del Maragato. ¿Quién sería aquel Maragato? Al parecer había sido muy famoso, pero jamás había oído hablar de él. En los momentos de ocio imaginaba a aquel personaje, pero de forma imprecisa porque no conocía nada su vida. Y en más de una ocasión me tuvieron que sacar de mi mutismo durante la clase. Hasta que, por fin llegó el momento de reencontrarnos con Julián. Al verlo, como de costumbre bajo los soportales del Ayuntamiento, hice ademán de bajar del coche, cuando todavía no estaba completamente parado, con el consiguiente susto para mi abuelo. Corrí hacia mi amigo, el Cacharrero.

—Hola, Julián. Aquí estoy —saludé todavía jadeante, no sé si por la pequeña carrera o por la emoción del momento, o por ambos motivos a la vez.

Mi abuelo, que venía detrás de mí, acompañado de mi abuela y mi hermana, saludó:

—Buenos días Julián. Cómo has pasado la semana. Este chico un día nos da un disgusto. ¿Has visto como ha intentado bajar con el coche en marcha?

Julián sonreía mientras sostenía su bastón entre las manos. Correspondió al saludo de mi abuelo y saludó también a mi abuela y a mi hermana. Pero después me clavó sus ojos de acero, con una mirada que me pareció durar una eternidad, al mismo tiempo que movía su cabeza en un gesto de desaprobación. Por un momento pensé que iba a pagar mi falta, que se negaría a contarme el tan deseado relato.

—Cada cosa, mi niño, tiene su momento y hay que dedicarle el tiempo necesario —exclamó, dirigiéndose a mí.

—A ver si no eres tan impaciente y escuchas —continuó diciéndome, mientras se aferraba a su bastón con las dos manos.

—Cuentan que por estos alrededores —comenzó a decirme con voz pausada, como tomándose el tiempo necesario para recuperarse de la contrariedad, que le había supuesto mi conducta— campaba a sus anchas un terrible bandolero llamado El Maragato. Tenía una guarida secreta en los alrededores de la Venta del Obispo, cerca de aquí, en los comienzos del Puerto del Pico. Cuentan que cometió toda clase de atrocidades y fechorías, cuyos ecos muy pronto sobrepasaron esta comarca y las limítrofes. Hasta que un día, cuando llevaba a cabo uno de sus acostumbrados atropellos, tropezó de manera fortuita con un modesto fraile, que vestía solamente su humilde sotana y unas sandalias. <<El Maragato>> entonces le exigió las sandalias, pero el fraile le ofreció sus sandalias, su sotana y todo lo que llevaba.

—Si te gustan mis sandalias, quítamelas tú mismo —le dijo el fraile.

El bandolero, en un principio sorprendido porque no ofrecía resistencia alguna, se agachó confiado, dispuesto a quitarle las sandalias. Pero apenas se había agachado el desalmado bandido, el fraile cogió una piedra berroqueña y le asestó con ella tan potente y certero golpe que allí terminaron sus correrías.

En aquel momento intervino mi abuelo.

—Sin embargo, fue tan popular en su tiempo este bandolero que hasta el famoso pintor, Goya, dedicó seis cuadros para relatar los acontecimientos que rodearon a este personaje. Por cierto, todavía se conservan y se pueden admirar en el *Instituto de Arte de Chicago.*

Recogí aquella aclaración de mi abuelo con gran alborozo, en parte, porque deseaba congraciarme de nuevo con él después de mi afeada conducta, y porque conocía su costumbre de callar mucho de lo que sabía. Así que repliqué con presteza:

—Cuenta lo que sabes sobre este bandolero, por favor, seguro que a Julián le interesa saberlo.

Mi abuelo me miró asombrado, seguramente por mi cinismo, porque lo cierto es que el más interesado en escucharlo era yo. Sin embargo, mirando a Julián con ademán comprensivo, comenzó.

—Pedro Piñero de la Rodera, que así se llamaba realmente <<El Maragato>>, nació en Andiñuela de Somoza, Comarca de la Maragatería, León. Llegó a tierras extremeñas como ayudante de arriero, con uno de los muchos que llegaban con sus carros desde la provincia de León. Debió establecerse en estas tierras porque hasta el año mil setecientos noventa y nueve, Pedro Piñero era un modesto carbonero que vivía en Talayuela, población situada entre Plasencia y Navalmoral de la Mata. Se sabe que allí se casó con Francisca Trejo con la que tuvo tres hijos. En cambio no se saben con seguridad los motivos que le llevaron a delinquir, pero se cree que las causas fueron las desfavorables circunstancias económicas por las que pasaban los carboneros de la época. Fueran éstas las causas o no, lo ciertos es que se lanzó al bandidaje, formando un grupo con gente de la comarca, que se unieron a él. Sus colaboradores más conocidos fueron Martín Rodríguez, <<Martinillo>> y Lorenzo Almanza, <<El Estudiante>>. Como curiosidad os diré que entre los restantes bandidos que formaban el grupo se encontraba el apodado <<El Diablo>>, mote que prevaleció y, quizás aún prevalezca, en algunos pueblos de la comarca.

Estaba impresionado. Si aquella era su vida real, no cabía duda de que fue una vida de leyenda.

—Presta atención a lo que cuenta tu abuelo, no te quedes en las nubes —exclamó Julián, zarandeándome suavemente.

—<<El Maragato>> y su banda —prosiguió mi abuelo sonriendo por lo cómico de mi zarandeo— como salteadores de caminos cometieron toda clase de abusos y robos, siempre portando armas de fuego para intimidar y hasta matar a sus víctimas. El escenario de sus andanzas fueron las provincias de Ávila y Toledo. Allí robaron caballerías, ropas, alhajas y dinero, incluso llegaron a cometer asesinatos. Pero llegó un momento en que las Fuerzas de Seguridad pusieron freno a las correrías de los bandoleros. Entonces el avezado Maragato intentó una salida de la delincuencia tan atrevida como arriesgada. Se personó, acompañado de sus más estrechos colaboradores, en el Palacio de El Escorial, el veintitrés de noviembre de mil ochocientos, para solicitar clemencia al rey Carlos IV. Sólo los pudieron acusar de robos y de los asesinatos de Eugenio Sánchez, perteneciente al Cuerpo de Dragones, vecino de Hontanares y de Francisco Nicolás, vecino de Tejada, cuando perpetraban un robo en su casa. Sin embargo, fue suficiente. <<El Maragato>> y <<Martinillo>> fueron condenados a la horca y descuartizamiento, y <<El Estudiante>> a doscientos azotes y diez años de presidio.

Un escalofrío recorrió todo mi cuerpo. La realidad era más dura que la leyenda. A medida que mi abuelo avanzaba en su relato, yo iba imaginando lo que de aventura tenía la vida de aquellos bandoleros, pero me encontré sorprendido por su final. Julián, que a estas alturas sabía interpretar perfectamente mis estados de ánimo, exclamó:

—¡Qué pensabas. Todos los malhechores terminan como poco en la cárcel!

Asentí con un movimiento de cabeza, pero confieso que estaba decepcionado con tan triste final. Dirigí la mirada hacia mi abuelo, que hizo un gesto de complicidad con Julián, y continuó.

—Sin embargo, en mil ochocientos cuatro, el Rey dictó decreto de conmutación de pena para los dos primeros, por doscientos azotes, paso bajo la horca y diez años de trabajos forzados en el arsenal de Cartagena. El paso bajo la horca tuvo lugar en la Plaza de la Cebada de Madrid, el diez de enero del mismo año.

El veintiocho de abril de mil ochocientos seis <<El Maragato>> consiguió escapar de Cartagena, dirigiéndose a Oropesa, en la provincia de Toledo. Y durante el camino volvió a las andadas, asaltó a tres personas.

No podía creerlo. Había salvado la vida gracias a la magnanimidad del monarca entonces reinante y no se conformaba con escapar de la cárcel. Volvía a robar.

—Tan popular —continuó diciendo mi abuelo, que se había percatado de mis tribulaciones— llegó a ser <<El Maragato>> que en julio de mil ochocientos seis se publicó en Madrid un folleto, folleto de tipo novelesco, dando noticia, seguramente corregida y aumentada, de las circunstancias que rodearon a la detención de este bandolero.

Mi abuelo me tranquilizó con sus palabras, pero por su semblante sospeché que el final sería fatal para aquel bandido reincidente.

—No había pasado mucho tiempo, —continuó mi abuelo— cuando un día, hallándose en el término municipal de Oropesa, cerca de la Venta de San Julián, en la dehesa del Verdugal, donde tenía prisioneras a todas las personas que allí vivían, fue apresado por un intrépido fraile, quien en su forcejeo con el bandolero, le arrebató la escopeta con la que después le disparó cuando huía. Fue entregado a la justicia de Oropesa y después trasladado a Madrid, donde esta vez, sin remisión, se cumplió la terrible sentencia.

Cuentan que el heroico fraile, llamado Fray Pedro de Zaldivia, alcanzó gran reconocimiento por su hazaña y, movido por la compasión, intentó conseguir el indulto para <<El Maragato>>.

No podía haber solución, pensé, porque, primero se escapó sin cumplir la condena y después volvió a reincidir en sus robos.

—Actualmente —siguió explicando mi abuelo— se puede ver en la carretera que va de Arenas de San Pedro a Ávila, un cartel que anuncia <<Cueva del Maragato>>, justo al entrar en la curva del puente sobre el río de la Mora y, por encima, el imponente peñasco que cobija la famosa cueva. La entrada a la cueva está situada por detrás del peñasco, a espaldas de la carretera. Pertenece al término municipal de Cepeda de la Mora. Esta roca y la cueva, por ser refugio y punto de observación del famoso bandolero, pasaron a denominarse, desde últimos del siglo XVIII y principios del XIX, <<La Cueva del Maragato>>.

Recuerdo que aquel día me sentí orgulloso de mi abuelo. Había abierto su cofre dorado de sabiduría delante de Julián. Por lo que interpreté que le estimaba y respetaba muchísimo. Él siempre me decía que nunca se debe presumir de sabiduría ante los demás, porque, además de ser una falta de respeto, puede ocurrir que sepan más que tú. Mi abuelo no tenía presunción y sí mucha sabiduría.

Julián comenzó a deshacerse en elogios hacia mi abuelo y yo intenté intervenir en la conversación, pero…

—Ya es suficiente por hoy, Julián —dijo tajante, sin darme opción a réplica alguna.

Me quedé con la protesta en los labios y con el ademán del gesto de fastidio a medio camino. Aquel día no hubo más relatos, pero disfrutamos de un magnífico desayuno y sobre todo de la compañía de nuestro amigo Julián, el Cacharrero.

VI

Aquella mañana encontramos a Julián departiendo animadamente con un hombre que después se definió como <<un viajero impenitente>>. Era de mediana edad, fornido y de trato campechano. Tenía don de gentes. Portaba una mochila a la espalda y un bastón en su mano derecha con una brújula incrustada en la parte superior. Desde el primer momento, llamó mi atención aquel extraño bastón de forma que no podía apartar mi vista de él. Era la primera vez que veía una brújula en un bastón. Seguro que aquello tenía una explicación, pero no alcanzaba a descubrirla.

Julián hizo las presentaciones acostumbradas, a las que no presté ni la menor atención.

—¡Hola Marcos, mi niño. Te veo muy callado hoy! —exclamó Julián—. Estamos hablando de códices —continuó, dirigiéndose a mi abuelo, sin esperar mi respuesta.

Pero yo no estaba dispuesto a que me privaran de intervenir en la conversación.

—¿Qué son los códices? —pregunté sin dejar continuar a Julián.

El autodenominado <<viajero impenitente>> me miró sorprendido.

—Los códices son una especie de libros escritos a mano antes de que apareciera la imprenta —aclaró Julián.

—Son libros o documentos antiguos escritos en pergaminos o en papiros —añadió el <<viajero impenitente>>.

Debió notar por mi semblante que yo no tenía muy claro lo que era un pergamino ni un papiro, porque añadió:

—Los pergaminos eran hojas hechas con la piel de animales, preparadas especialmente para poder escribir sobre ellas y los papiros eran hojas, igualmente, elaboradas a partir de una planta acuática, llamada también papiro, muy abundante en el río Nilo, en Egipto. El origen de la palabra pergamino se debe a que en la ciudad de Pérgamo existió una gran producción de este material, dotada de una excelente calidad. Sin embargo, la existencia de los pergaminos se remonta a mil quinientos años antes del nacimiento de Cristo, es decir, mucho antes de que la ciudad de Pérgamo existiera.

Entonces intervino mi abuelo.

—La antigua ciudad de Pérgamo se hallaba situada en la actual Turquía, a unos treinta kilómetros de la costa del Mar Egeo, frente a la isla de Lesbos. Sus ruinas rodean la actual ciudad de Bergama, construida sobre los cimientos de lo que fue la parte baja de Pérgamo, fundada en el año quinientos sesenta antes de Cristo.

La aclaración de mi abuelo me sorprendió agradablemente y deduje rápidamente que había visitado aquel lugar en alguno de sus viajes. Estaba seguro de que conocía muchos más datos, pero dejé mis preguntas para otro momento. A él no le agradaba que los demás pensaran que se las daba de entendido.

Julián intervino en la conversación de forma tajante, rompiendo el pesado e inexplicable silencio que se había producido.

—Marcos, mi niño, te voy a contar un relato muy antiguo. Un antiquísimo códice cuenta que el mismísimo emperador Carlomagno, rey de los francos y fundador del llamado Imperio Carolingio, recorrió estas tierras con el fin de encontrar y conquistar la mítica ciudad de Lucerna. El por entonces poderoso emperador, ante la dificultad de su empresa, pidió ayuda e intercesión a Santiago Apóstol. Y entonces ocurrió el milagro. Cuenta el códice que los muros invictos de la ciudad de Lucerna se desmoronaron, movidos por un gran terremoto. Pero a causa de este seísmo la tierra se levantó hacia los cielos en borbotones de lava y granito en ignición, que lentamente se fueron enfriando, formando profundos barrancos y cumbres erizadas. Desde entonces, en lo alto, se formó una laguna de aguas muy negras en la habitan peces enormes. De esta forma, la fantástica Lucerna quedó sepultada para siempre bajo las aguas del lago. Hay quien asegura que la laguna es tan profunda que comunica con el mar. Incluso algunos dicen que han podido ver la silueta de la ciudad en el fondo de la laguna.

—¿Tú la has visto alguna vez? —me apresuré a preguntar.

—No, pero desde muy antiguo se contaban por estos lugares ésta y otras leyendas. Todavía hoy se pueden escuchar de labios de los más ancianos de la serranía relatos sobre brujas y peligrosas alimañas, que habitaron por estos parajes; y relatos misteriosos de todo lo que procedía de la laguna, que provocaban el pánico a las gentes del lugar.

El <<viajero impenitente>>, al oír esta leyenda, recordó otra que conocía. A aquel hombre le costaba escuchar y aprovechaba cualquier resquicio para intervenir en la conversación. Por lo menos así lo interpreté en aquel momento, quizás porque para mí Julián tenía el monopolio de esta y otras leyendas. Su relato también hablaba de la ciudad mítica de Lucerna. Se trataba de la leyenda de <<La ondina Carissia>>.

El nombre me pareció ininteligible, no conseguía relacionarlo con nada. Entonces aquel <<viajero impenitente>>, continuando con su empeño, se dirigió a mí como coartada para continuar con su relato. Satisfacer la curiosidad de un niño lo justifica todo. Hoy lo creo así. Sin embargo, confieso que logró despertar en mí el deseo de escuchar aquella historia, Me miró, esbozó una sonrisa y comenzó.

—Esta leyenda cuenta cómo se formó el lago de Carucedo, situado en el término municipal del pueblo que lleva el mismo nombre, en la Comarca de El Bierzo, León. Hoy muchos de sus vecinos trabajan en las canteras de pizarra de la Cabrera. El origen del lago se debe a la antiquísima explotación aurífera que los romanos tuvieron en Las Médulas. En la actualidad, además de la localidad de Lago, se encuentra la población de Las Médulas, donde está la entrada principal de aquel yacimiento aurífero, el más importante del Imperio Romano, y hoy yacimiento arqueológico, declarado por la U.N.E.S.C.O. Patrimonio de la Humanidad por su belleza.

Escuché estos datos, pero no conocía el lugar. Creo que por mi semblante el <<viajero impenitente>> dedujo que lo que me interesaba realmente era la historia. Lo cierto es que continuó rápidamente.

—Se cuenta que el lago de Carucedo se formó por el abundante y prolongado llanto de la Ondina Carissia, llamada así porque se enamoró perdidamente del general romano Tito Carissio. Este general había conquistado Lancia y dominado El Bierzo. La Ondina Carissia vivía en la mítica ciudad de Lucerna y se enamoró del apuesto general romano, pero la ninfa era astur, pueblo con el que los romanos estaban en guerra porque le deseaban dominar, por lo que la burló primer y la despreció después. Como el amor no sabe de razas ni fronteras, la ninfa sintió tal dolor que estuvo muchos años llorando y tantas lágrimas derramó que se fue formando el lago y anegando Lucerna hasta que desapareció bajo las aguas.

Cuentan que todos los años, al amanecer del día de San Juan, cuando llega la hora del alba y el sol hiere con sus rayos las aguas, se vislumbra en el fondo del lago el reflejo de la ciudad de Lucerna. En esa noche, se dice también, que sale la Ondina Carissia del lago de Carucedo en busca de un apuesto joven que la intente enamorar. Sin embargo, como el lago es tan grande… Incluso dicen que alguna vez, al amanecer, se ha encontrado el peine hecho de cuerno, que la ninfa quizás se dejó olvidado en la orilla, con algunos cabellos dorados entre sus púas.

No faltan —enfatizó para terminar— jóvenes románticos, que acuden al lago de Carucedo para besar sus aguas con el fin de que la novia despreciada, que allí habita, reciba la muestra de cariño y simpatía de aquellos que dejan volar su imaginación al escuchar la leyenda. Y algunos, hasta creen percibir en sus aguas azuladas un perfume de rosas silvestres.

La leyenda me pareció fascinante. Mi abuelo me sacó del ensimismamiento que me había producido aquella historia.

—Marcos, las ondinas eran las ninfas acuáticas en la mitología germánico-escandinava. Se representaban como mujeres jóvenes de espectacular belleza que habitaban en los lagos, ríos, fuentes y estanques.

Me quedé pensativo.

—En la mitología griega y romana, las ninfas —continuó diciéndome— eran espíritus femeninos de la Naturaleza, que acompañaban a los dioses. Todas eran bellísimas y amantes de la danza y la música. Eran tenidas como hijas del poderoso Zeus y personificaban las fuerzas de la reproducción y la fecundidad en la Naturaleza. Recibían distintos nombres según los lugares donde se encontraban. Las Náyades eran las ninfas de las aguas, ríos, lagos, fuentes…; las Dríades eran las ninfas de los árboles; las Oréades ninfas de las grutas y las montañas; las Nereidas ninfas del mar, de las aguas…

—Entonces las ondinas eran como las náyades —exclamé rápidamente.

Mi abuelo siempre estaba dispuesto a aclararme todo. Y lo conseguía. Hoy pienso que lo hacía en su afán de que entendiera todo con claridad o quizás por su mente habituada al orden en el pensamiento, o por ambos motivos a la vez.

El <<viajero impenitente>> un poco molesto porque no le habíamos dejado concluir su relato, continuó.

—Este lago, del que he hablado, es artificial. Fue producido por el estancamiento de las aguas procedentes del lavado de las arrugias, galerías excavadas en los montes, de Orellán, explotaciones de oro que los romanos mantuvieron en activo durante más de tres siglos.

Pero de nuevo no presté demasiada atención a estos datos, porque lo que realmente me gustó fue la leyenda.

VII

En uno de nuestros viajes de cada fin de semana, cuando subíamos el Puerto del Pico, mi hermana y yo reparamos en la existencia de lo que me pareció un camino empedrado. Un cartel indicaba: <<Calzada romana>>. No tardamos en enzarzarnos en una de nuestras acostumbradas discusiones. Que si aquello era un camino por donde subían los cazadores; que si era un sendero por donde subían los pastores sierra arriba. Mi abuelo intervino, entonces, para cortar nuestra discusión.

—Son los restos de una calzada romana —exclamó tajante.

Aquella frase me sonó más que a información a <<dejad ya la infructuosa polémica>>.

—Eso ya lo he leído en el cartel que hay en la carretera —protesté, porque no me aclaraba nada.

—Pronto coronaremos el puerto y allí, mientras desayunamos, en la cafetería, os lo explicaré con detalle

—respondió resignado—. Ahora debo prestar toda mi atención a la carretera.

Ya en la cafetería me miró sonriente, pero con gesto paciente, sabía que mis preguntas eran inevitables. Por esto sin dilación, comenzó una más de aquellas explicaciones que a mí tanto me gustaban, pero que, algunas veces, a él le hacían poner un gesto de cansancio. Comenzó a contar con cierta parsimonia que las calzadas romanas fueron construidas en un principio por y para el ejército romano, aunque más tarde fueron utilizadas por comerciantes y público en general. Sustituyeron a los antiguos senderos y contribuyeron, además de a proporcionar al ejército una gran capacidad de movilidad, al desarrollo del comercio. Todas las calzadas partían de Roma y se extendían a través de todo el Imperio.

—Abuelo, si todas las calzadas partían de Roma, cualquiera de ellas te llevaría a Roma —apunté como gran deducción.

—Claro, por eso se conserva todavía la frase <<todos los caminos van a Roma>>, que en aquella época era rigurosamente cierta —contestó mi abuelo, al que ya le había desaparecido el rictus de cansancio.

Y comenzaba a darme datos que me parecían apasionantes. La primera calzada se construyó trescientos años antes del nacimiento de Cristo, o sea, hace más de dos mil trescientos años. Se llamó Vía Appia y unía Roma con la ciudad de Capua, en Italia. Las calzadas surcaron la Galia, Francia, y llegaron hasta la Península Ibérica. Los romanos no disponían de mapas fiables a escala ni de brújula, sin embargo sus calzadas, siempre que era posible, seguían líneas rectas. Cómo lo conseguían es un misterio, aunque se supone que lo harían encendiendo hogueras de tramo en tramo para sacar la recta con la visión del fuego al atardecer y al amanecer o por el humo, durante el día. Las primeras calzadas fueron construidas con grandes bloques de piedra que quedaban fijados al suelo con su propio peso. Más tarde se hicieron de formas diversas, pero siempre cuidando que el firme quedara compacto, sin grietas por donde pudiera entrar el agua de lluvia. Con el mismo fin se construían con cierta inclinación lateral y en ambos laterales se hacían unas pequeñas zanjas, llamada <<calzas>>, de ahí el nombre de <<calzadas>>, palabra con la que se denomina actualmente la parte de las calles y carreteras por donde ruedan los vehículos.

En aquel momento de mi vida ya era conocedor de que existían razones por las que mi abuelo evitaba emplear detalles técnicos, que, por otra parte, yo sabía que conocía. Él sabía mucho sobre la construcción de carreteras. Le miraba, ensimismado en estos pensamientos, y él, sin saber muy bien las razones de mi silencio, continuaba.

—Plutarco, biógrafo de la antigüedad, cuenta que fue el político Cayo Graco, en el Siglo II antes de Cristo, quien introdujo por primera vez la legislación sobre las calzadas romanas. Estas debían estar medidas en millas romanas, que estaban fundamentadas en la longitud de un paso. Una milla tenía 1481 metros y constaba de 1000 pasos de

1,48 metros cada uno. El documento que nos permitió identificar las calzadas romanas fue el llamado *Itinerario de Antoni*, que fue revisado en la época de Diocleciano, hacia el año 290. Según este texto en la Península Ibérica existían treinta y cuatro calzadas. La más larga iba de los Pirineos a Cádiz, con un total de casi mil quinientos kilómetros. Primero se la llamó Vía Hercúlea, porque llegaba hasta las columnas de Hércules, en el Estrecho de Gibraltar, y después Vía Augusta. Tuvo gran importancia la Ruta de la Plata, Vía Lata, que unía Mérida, Emérita Augusta, con Astorga, Artúrica Augusta, ciudades pobladas con legionarios romanos veteranos de las guerras contra cántabros y astures. Un ramal norte unía Astorga con Gijón, Gigia, a través de León, Legio. Otro ramal, por el sur, unía Mérida con Itálica, cerca de Sevilla, y se prolongaba hasta Cádiz. Uno de los ramales construidos por Metelo, hacia el año setenta y ocho antes de Cristo, unía, Metellinum, Medellín, con la Sierra de Gredos. Los restos de esta calzada son los que hemos contemplado en la subida al Puerto del Pico. Esta calzada por el sur enlazaba con la Vía Lata y por el norte pasaba por Ávila para después ramificarse.

Así que ni camino de pastores ni senda de cazadores, restos de una antigua calzada que construyeron los romanos.

La conclusión, por su forma de decirlo, fue algo así como <<¿Por qué discutís, si al final ninguno de los dos teníais razón?>>.

Estaba seguro de que mi abuelo conocía muchos más detalles, pero ya nos disponíamos a continuar el viaje. Muy a pesar mío guardé las preguntas que me rondaban por la cabeza para mejor ocasión.

VIII

Manuel, el Pastor, era un hombre de poca estatura y ojos vivarachos. Por aquella época ya había cumplido los ochenta, pero tras su rostro curtido se traslucía una fuerza especial, impropia de una persona de su edad. Conocía la serranía como nadie por haberla recorrido durante toda su vida y sus paisanos daban por bueno cualquier detalle de la sierra que Manuel indicara.

No recuerdo cómo lo conocimos, sin embargo recuerdo que nos contó una de las leyendas que más impacto me causó.

—Hace muchos años, más de cuatro siglos, —contaba Manuel, el Pastor— vivió en lo más profundo de la sierra un tal Pablo Martínez. Pablo era admirado y a la vez envidiado por sus vecinos de los alrededores de la serranía porque conseguía las mejores cosechas. Al parecer era un hombre poco sociable, quizás por vivir aislado en la sierra, y un poco enigmático. Se cuenta, que un año de grandes y numerosas tormentas, su hijo desapareció sin saber cómo y sin dejar rastro, mientras el padre se afanaba en la construcción de un ameal con el heno de su cosecha. Los ameales de Pablo eran los más grandes y mejor hechos de la zona.

Por entonces yo conocía cómo era un ameal, una pila de paja, pero no me podía imaginar cómo serían los de aquel Pablo para que fueran tan famosos.

—Algunos vecinos —siguió diciendo Manuel— se escondieron para espiarle, para ver cómo lo hacía, porque sospechaban que practicaba la brujería. Pablo se levantó durante la noche y aquellos espías pudieron observar, no sin asombro, cómo hacía una gran hoguera y con una azada golpeaba uno de sus ameales mientras pronunciaba una letanía en un lenguaje extraño y desconocido. De pronto comenzó a salir un reguero de sangre de aquel ameal golpeado y los vecinos, espías, huyeron del lugar horrorizados.

Aquella historia me sorprendió. Nunca había oído hablar de brujería. Y tuve la sensación de que Pablo terminaría muy mal.

—Entonces —continuó contando Manuel, el Pastor— fue acusado de brujería ante el Tribunal de la Inquisición y condenado a la horca. Pasó el tiempo, durante el cual los ameales de Pablo se fueron secando y las gentes del pueblo fueron muriendo en unos casos por su avanzada edad y en otros de muerte natural. Pero entonces ocurrió lo más sorprendente, los cadáveres una vez enterrados

iban desapareciendo de sus tumbas sin que hubiera explicación alguna de por qué ocurría aquello.
Pasaron muchos años hasta que un grupo de montañeros descubrió en el mismo corazón de la Sierra de Gredos, al llegar a la conocida cima, un extraño montículo en forma de ataúd. Aquellos montañeros desaparecieron inexplicablemente, dejando el diario de expedición donde se contaba que los cadáveres de la gente del pueblo fueron amontonados por Pablo convirtiéndose más tarde en rocas. Cuenta la leyenda que en la cima del, desde entonces llamado <<Ameal de Pablo>>, se puede distinguir la figura de un niño, el hijo de Pablo, que fue vendido al diablo. Y que cada vez que muere alguien en el pueblo la montaña aumenta unos centímetros de altura.

Aquel relato me produjo tal tribulación que mi abuelo sospechó que no había sido de mi agrado.

—Creo que la primera ascensión —dijo con el fin de distraer mi atención— al Ameal de Pablo, que está documentada, fue la realizada en 1914 por José Fernández Zabala, Alberto Oettli y Antonio Victory Rojas, acompañados por un pastor llamado Amiano García.

Con esto mi abuelo creo que quiso dejarme claro que los relatos no documentados, transmitidos de boca en boca, contienen mucha fantasía popular, que a veces se desborda en situaciones trágicas donde interviene hasta la brujería.

Manuel, el Pastor, se limitó a sonreír y yo me quedé con la duda de si él daba por cierta aquella leyenda o no.

IX

Recuerdo las largas caminatas subiendo desde la Plataforma hacia lo alto de la sierra. Años después descubrí que mi abuelo elegía los recorridos de poca dificultad, sobre todo cuando nos acompañaba mi hermana. A medida que fui avanzando en edad y por lo tanto en fuerza, los recorridos fueron más largos y más duros en la subida.

Las ascensiones a la Laguna Grande se hicieron más frecuentes, pero dicha frecuencia no cambió el sentido que yo las daba. Para mí, cada subida constituía una verdadera aventura. Poder observar las especies de aves que sobrevolaban el cielo, águilas reales, buitres…; ver de cerca la Boca de Dragón, la Consuelda del Almanzor, la Manzanilla de Gredos…; la multitud de especies de mariposas, poniendo color a la serranía en primavera; y, sobre todo, dar patatas fritas con la mano a la Cabra Montés, animal salvaje que puebla la Sierra de Gredos. Al atardecer, en verano, bajaban hasta el cauce del río, que a su paso junto a la Plataforma no era más que un arroyuelo entre un pedregal. Allí, aunque con actitud precavida, se acercaban para comer toda clase de alimentos que los curiosos las ofrecían, manzanas, pan, hasta pasteles.

Todavía conservo mis dibujos. Trataba de dibujar todo bicho viviente como lagartijas, lagartos, el águila real, el buitre, el azor, el búho, el milano, la ardilla y la reina de aquellos parajes, la Cabra montés, *Capra pyrenaica hispánica,* según los doctos en la materia.

Mi primer impacto llegó el día que, en plena montaña, vimos como un águila real sobrevolaba majestuosamente, con lentitud, por encima de las cimas, crestas escarpadas. De pronto cayó en picado sobre una cabra montés a la que arrastró con sus fuertes garras, haciendo que se precipitara en el vacío. Sobrevoló tras ella en la caída hasta llegar a la hondonada. Y allí, supongo que daría buena cuenta de ella. Fue un espectáculo sobrecogedor, que produjo en mí una mezcla de admiración, por la forma de cazar, y de compasión por la víctima. La naturaleza mostraba su lado más duro, la lucha por la supervivencia.

Yo me consideraba un montañero cada vez que subíamos a la sierra. Equipado convenientemente, incluso en verano, me sentía orgulloso sobre todo de mis botas y mi magnífica mochila, ambas fundamentales para andar por aquellas laderas y pedregales. Cuando me consideré un montañero experimentado, pedí a mi abuelo dormir una noche de verano en plena montaña. Nunca olvidaré la cara de asombro de mi abuelo ni los aspavientos de mi abuela. Aquella petición mía soliviantó a todos, incluida mi hermana, que había dado por seguro que se pondría de mi parte.

—Con la cantidad de bichos que habrá allí arriba. ¡Qué locura! ¡Y de noche! —exclamaba mi abuela sin dejar de moverse de un lado para otro.

—A mí me da miedo dormir allí arriba, pero, si duerme allí Marcos, yo también voy —exclamaba mi hermana, haciendo gestos de enfurruñamiento, al mismo tiempo que se movía como mi abuela.

Llegado este momento mi abuelo tuvo que pedir calma. No íbamos a dormir al aire libre. Subiríamos a la Laguna Grande y dormiríamos en el refugio cercano, el Elola. En aquel lugar estaríamos a cubierto y acompañados.

—Este niño siempre se sale con la suya y tú tienes la culpa porque accedes a todos sus caprichos —volvió a exclamar mi abuela, mientras mi hermana asentía con la cabeza.

La alegría que experimenté en aquel momento nada tenía que ver con lo que decía mi abuela. No pretendía salirme con la mía, sólo pensaba en aquella gran aventura y creía que mi petición era tan normal que no entendía el porqué de aquella oposición. Yo era un experto montañero y ya era mayor, había cumplido los catorce.

Aquella noche en el refugio fue inolvidable. Después de cenar y antes de acostarnos salimos para ver el cielo estrellado. Las estrellas estaban cerquísima, casi se podían tocar con las manos. Y quise ver en ellas un brillo especial, incluso un guiño de la Estrella Polar destinado a mí.

—Qué lástima, no tener aquí el telescopio —le dije a mi abuelo y recordé a Antonio a quien debía en parte mi pasión por este instrumento.

—No estarás pensando en subir aquí, un telescopio —exclamó presto mi abuelo.

—Pero si no lo tengo —dije con tono de reproche.

—Bueno, bueno, quizás los Reyes Magos… He visto uno muy bonito, que parece lo suficientemente potente para ti —respondió mi abuelo como no dando importancia al asunto.

Sólo me faltó dar saltos de alegría, abrazarle, incluso achucharle con todas mis fuerzas. Aquello era fantástico, tener un telescopio y poderlo utilizar a mis anchas. Mi abuelo me dirigió una sonrisa de complicidad y aquella noche comprendí que, si lo hubiera tenido, hubiéramos subido el telescopio hasta el refugio.

La noche en el refugio fue apasionante. Para mí la mejor de las aventuras. Los montañeros, antes de retirarse a dormir, contaban y cantaban las anécdotas del día; los lugares que habían recorrido; las bellezas encontradas… Y yo era uno de ellos.

A pesar del cansancio tardé en dormirme. Durante el sueño pasaron ante mí, en aquellos lugares idílicos, desde el lagarto verdinegro hasta la lagartija colilarga, pasando por el zorro, jabalí, comadreja, erizo, topo, jineta, ardilla… sin faltar el símbolo de aquellos parajes, la Cabra montés. Un sol radiante me envolvía y miles de mariposas de todos los colores revoloteaban a mi alrededor incansables, mientras el buitre volaba lentamente en busca de carroña y el águila, majestuosa en su vuelo, parecía acechar alguna presa. Flores de colores increíbles tapizaban collados y hondonadas. Y las afiladas agujas de la montaña habían adquirido una tonalidad plateada. En sueños, hasta conseguí ver a la bellísima ninfa que habitaba en la Laguna Grande, aquella que no pudo contemplar ni Almanzor.

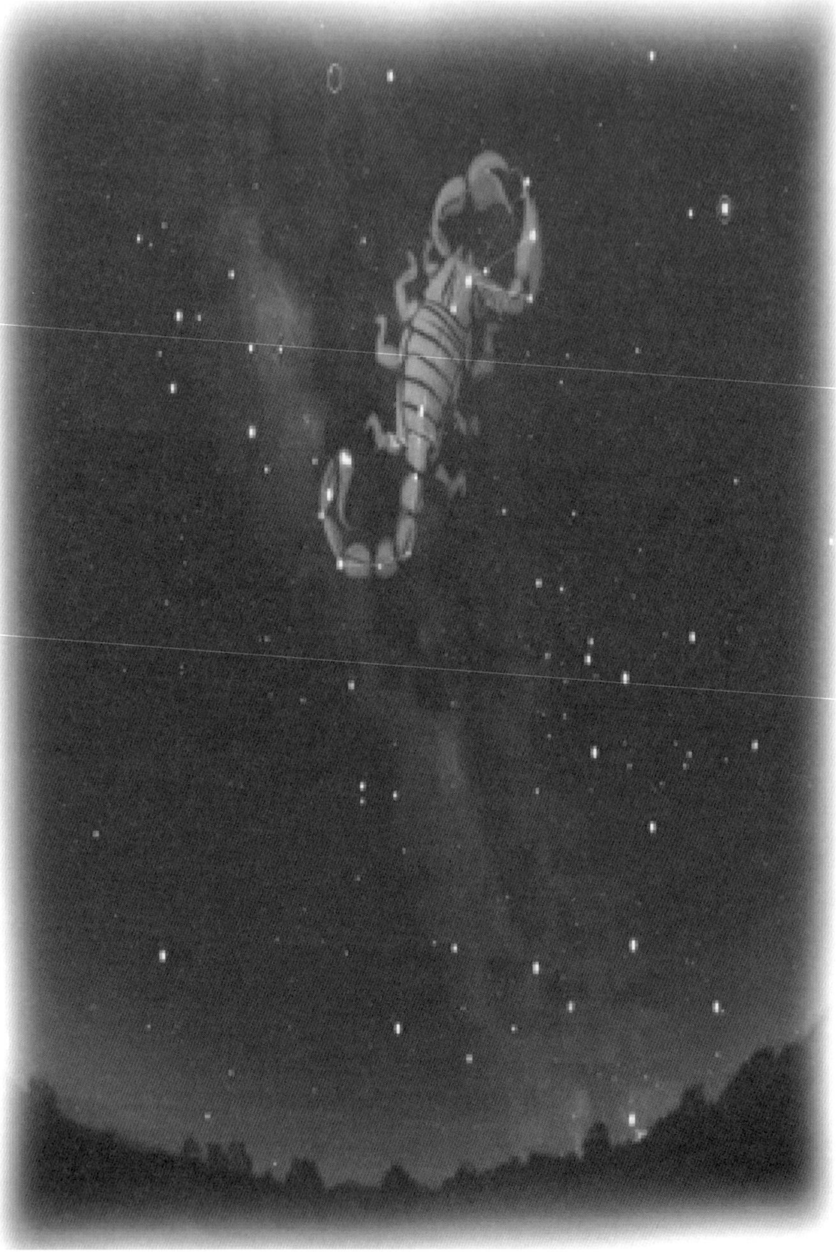

X

Aquellos viajes dieron sentido a mis primeros años de adolescente. Con mis abuelos las normas no eran tan estrictas como las impuestas por mis padres o, al menos, así lo pensaba. Con el tiempo descubrí que a mí me parecían más estrictas de lo que en realidad eran. Sin embargo, con mis abuelos me sentía libre. Alternaban los caprichos con las imposiciones y, sobre todo mi abuela, nos marcaba cariñosamente, pero con claridad y firmeza, la raya que no debíamos traspasar. Cuando los viajes de fin de semana se comenzaron a convertir en costumbre, mi abuela decidió enseñarnos a hablar en francés. Ella lo hablaba perfectamente y aprovechaba los viajes para, entre risas y bromas, enseñarnos esta lengua. Me sentí perspicaz el día que comencé a sospechar que aquellas enseñanzas comenzaron para evitar que diéramos la lata durante los trayectos en coche y así evitar el nerviosismo de mi abuelo, cuando conducía escuchando las disputas entre mi hermana y yo. Mi perspicacia llegó a su cenit cuando descubrí que, además de mantener nuestra atención, ella disfrutaba tanto o más que nosotros. Lo cierto es que en poco tiempo podíamos comunicarnos en este idioma sin dificultad. Mi abuelo lo entendía y se esforzaba por intervenir en nuestras conversaciones. Pero para él teníamos reservada otra función. Nos explicaba y explicaba, respondiendo a nuestras preguntas con una paciencia infinita. Tantas y tan claras eran sus explicaciones que llegué a pensar que mi abuelo era un sabio. Más tarde, haciendo honor a mi calidad de adolescente, me asaltó la sospecha de que se lo estudiaba para poder satisfacer nuestra curiosidad juvenil. Sea como fuere, si realmente se lo estudiaba, este hecho nunca le restó valor. Yo siempre le consideré mi verdadero maestro. En el colegio me enseñaban Matemáticas, Geografía... En cambio, mi abuelo más que enseñanzas formales, a través de nuestras conversaciones y con su vida como ejemplo, me fue descubriendo el significado de la amistad, el valor de la honradez, el peso de la verdad, lo reconfortante del esfuerzo destinado a conseguir aquello que se desea, el sentido del deber, la satisfacción por el deber cumplido, el espíritu de sacrificio... Esto último resultaba palpable para mí. Me sacrificaba durante toda la semana en mis labores escolares con tal de disfrutar de aquellos fines de semana inolvidables.

Pero, como ya he dicho, mi gran pasión estaba en la parte alta del hotel donde nos hospedábamos. Allí había un telescopio a disposición de los clientes para que pudieran disfrutar observando las estrellas en las noches claras y en cualquier época del año. El hotel, situado no lejos del pueblo, en plena naturaleza, era bonito y resultaba acogedor. Entre sus habitaciones, trece de ellas eran monotemáticas, es decir, estaban decoradas con estilos diferentes. La decorada al estilo árabe me parecía sacada de un cuento. Era mi favorita. Hasta creo que aparecieron fotografías de estas habitaciones en una revista de decoración de la época. De estos detalles tengo un recuerdo un tanto desvaído. Cuando lo recordaba y todavía, cuando lo recuerdo, aquel establecimiento más que hotel fue una ventana al cielo. Allí, mis abuelos, mi hermana y yo pasamos veladas inolvidables. Para mí lo fueron, sin duda. Por la mañana de cada día de estancia cogíamos hora para la noche. Siempre la última. Dejábamos a los demás curiosos las primeras horas de la noche y así, sin molestar a nadie, podíamos estar, si era preciso, hasta el amanecer. De esta forma, ayudado en un principio por Antonio, mi amigo Antonio, responsable del telescopio del hotel, me fui adentrando en el universo infinito de las estrellas, constelaciones, galaxias, cúmulos estelares… Mi abuelo no tardó mucho en dejarnos subir solos, seguramente al comprobar que allí no existía ningún peligro.

—Subid vosotros, yo me quedo para no dejar a vuestra abuela sola —nos decía.

Y subíamos con la emoción dibujada en el rostro. Allí, para mi imaginación de niño, aparecía un mundo de ensueño. Naves espaciales imaginarias surcaban los caminos de aquel universo visible; seres de otros mundos podían hablar conmigo en no sé qué idioma espectral; guerras en las que se utilizaba un armamento fantasmal desfilaban ante los ojos de mi imaginación y mi gran pregunta, ¿cómo se había formado todo aquello o quién lo había formado? Este era mi último pensamiento antes de que el sueño me venciera.

Antonio me enseñó a manejar el telescopio. Era un telescopio con un programa informático incorporado mediante el cual se podía saber el nombre de la estrella observada. O indicarle la que deseábamos observar, de forma que la enfocaba automáticamente. A mi me parecía un instrumento maravilloso con una gran carga de magia. Hoy, al recordar, creo que el paciente Antonio fue la segunda <<víctima>>, después de mi abuelo, de mis dudas y curiosidades.

En algún momento, no sé con exactitud cuando, comencé a alternar las preguntas, a mi abuelo y a Antonio, con la lectura de aquello que me inquietaba. Así fue cómo me adentré en el mundo de los telescopios y las constelaciones. Mis conocimientos no me llevaron más allá de lo que me permitía mi edad o, quizás, mis capacidades, pero se había despertado en mí una curiosidad primero y una afición después.

Antonio, mi amigo Antonio, gran aficionado a la Astronomía, encontró en mí el terreno abonado para mostrar sus conocimientos. No sólo me enseñó a manejar el telescopio sino que, además, me inició en las distintas facetas de la Astronomía.

Una tarde lluviosa de sábado, en el salón del hotel, al amor del fuego de la chimenea, me decía:

—Las civilizaciones más antiguas consideraron las estrellas agrupadas en constelaciones. Los nombres de las estrellas, que forman las constelaciones, proceden de los griegos como Sirio, Pólux, Cástor, Régulo, Polaris, las Pléyades… y de los árabes como Alcor (la débil), Mizar (el velo), Vega (la caída), Aldebarán (el seguidor), Deneb (la cola), Algot (la estrella demonio)… En el año 1603 el alemán Johannes Bayer publicó una obra titulada *Uranometría*, un atlas de mapas estelares en el que se indicaban las estrellas de cada constelación, utilizando letras del alfabeto griego al que seguía la preposición <<de>> y el nombre latino de la constelación a la que pertenece. Bayer estableció un orden de brillo de las estrellas dentro de cada constelación de modo que llamó <<alfa>>, primera letra del alfabeto griego, a la estrella más brillante, <<beta>> a la segunda en brillo, <<gamma>> a la siguiente y así sucesivamente. El inconveniente de esta nomenclatura es que el alfabeto griego tiene veinticuatro letras y cada constelación tiene por término medio setenta estrellas visibles. Cuando las letras griegas fueron insuficientes se emplearon letras minúsculas del alfabeto latino de forma que se complicaba el método.

Sin duda Antonio hablaba como alguno de mis profesores y, para mí, era un verdadero científico. Así que procuraba seguir con atención sus explicaciones.

—Tras la aparición del telescopio —me decía— se demostró la existencia de un número mayor de estrellas, con lo que se volvió a plantear el problema de la denominación.

Por cierto, la palabra <<alfabeto>>, de origen griego, está formada a partir de las dos primeras letras del abecedario griego *Alfa* y *Beta*.

Pasados algunos años, en 1712, el astrónomo inglés John Flamteed, hizo el primer catálogo, con ayuda del telescopio, denominado *Historia Coelestis Británica*. Recurrió al empleo de los números en vez de letras. Asignó un número a cada estrella según el orden con respecto al meridiano.

Con el tiempo se perfeccionaron los telescopios, observándose ya miles de estrellas en cada constelación. Desde entonces, a las estrellas se las distingue, no por su nombre ni por su número, sino por la posición que ocupan en la esfera celeste, es decir, por su ascensión y declinación en la esfera celeste.

Antonio hizo un silencio. Sin duda notó mi cara de interrogación.

—Ya conoces las coordenadas geográficas, la latitud y la longitud. Pues la ascensión y la declinación —aclaró— son las coordenadas en la esfera celeste que nos permiten situar un punto, astro, en el cielo de forma parecida a cómo situamos un punto geográfico en la Tierra con las coordenadas geográficas.

No esperó mi respuesta, porque seguramente intuyó que llevaría implícitas algunas dudas.

—En 1774 el astrónomo francés Charles Messier publicó un libro titulado <<Catálogo de Nebulosas y Cúmulos de Estrellas que se encuentran entre las estrellas fijas sobre el horizonte de París>>. Los diferentes objetos se conocen por su número en el catálogo y se corresponden con objetos de muy distinto tipo como galaxias, nebulosas o cúmulos estelares El primer catálogo de Messier contenía del M1 al M41, o sea, 41 objetos, porque sólo veía el hemisferio norte. Pero el catálogo final, publicado en 1781, contenía 110 objetos, del M1 al M110.

Por último, el <<Nuevo Catálogo General de Nebulosas y Cúmulos de Estrellas>>, denominado con las siglas NGC, del inglés *New General Catalogue of Nebular and Clusters of Stars*, es el catálogo estelar de objetos del cielo profundo más conocido en la astronomía aficionada. Contiene 7.840 objetos difusos tales como nubes estelares, nebulosas planetarias y galaxias, la totalidad de objetos del cielo profundo conocidos a finales del siglo XIX. El catálogo fue compilado en la década de 1880 por Johan Ludvig. Emil Dreyer, utilizando observaciones realizadas principalmente por Willam Herschel y su hijo, y ampliadas con los dos catálogos conocidos como <<Catálogos Índice I y II>>. De esta forma se añadieron cerca de 5.000 nuevos objetos como la galaxia espiral, denominada NGC3982, del <<Nuevo Catálogo General de Nebulosas y Cúmulos de Estrellas>>, que muestra varios brazos espirales, con estrellas brillantes, clusters azules y regiones oscuras. Se encuentra a sesenta millones de años luz de la Tierra y puede ser vista con un pequeño telescopio en la constelación de la Osa Mayor.

La llegada de un grupo de personas, que Antonio conocía, no nos permitió seguir. Me hubiera gustado continuar, pero mi abuelo me advertía con frecuencia, que debía ser prudente y no tratar de acaparar a Antonio sólo para mí.

XI

El bueno de Antonio no desaprovechaba ocasión para entablar conversación conmigo. Su aspecto, un poco rudo, no se correspondía con su carácter afable y modales refinados con los que se ganaba la admiración de todos. Entusiasta de la Astronomía, era buen conocedor del cielo. Era capaz de recorrer los objetos brillantes de la noche como si de su casa se tratara y manejaba el telescopio con tanto mimo como destreza.

—Esta es la herramienta fundamental. Hay que cuidarla mucho, Marcos —me decía a menudo.

Antonio me demostraba un cariño especial al que yo correspondía plenamente. Comenzó siendo mi guía en mis primeros paseos por el universo y pronto se convirtió en un entrañable amigo. Me fascinaban sus conocimientos sobre el telescopio y Astronomía y, mucho más, su sencillez. Tenía por entonces unos cuarenta años. Sus ojos azules parecían iluminar el lugar donde se encontrara. Y con su lenguaje, siempre pulcro y cuidado, parecía envolver a los contertulios. Siempre contaba algo interesante, incluso en las conversaciones más distendidas. Era como un imán que me atraía, cuyas líneas de fuerza me envolvían, por su personalidad, al mismo tiempo que me transportaban al mundo mágico de las estrellas, más allá de sus leyes físicas.

—El telescopio, instrumento que nos permite ver objetos lejanos, es la herramienta fundamental en Astronomía —me decía.

Y continuaba dándome datos como si de un científico se tratara.

Me parecía increíble que una persona como Antonio, que, según él mismo confesaba, no había podido cursar más que los estudios primarios, fuera capaz de hablar con tanta soltura de algo que me parecía tan complicado. Cuando le preguntaba quién le había enseñado tanto sobre telescopios y Astronomía, siempre me decía que era <<autodidacta>>, palabra cuyo significado exacto no comprendí hasta años más tarde.

—Querer es poder, Marcos —me decía con frecuencia, cuando le preguntaba cómo había aprendido todo aquello.

—El parámetro, o sea, el dato necesario para valorar un telescopio, —seguía explicándome— es el diámetro de su objetivo. Un telescopio de aficionado tiene por lo general entre 76 y 150 mm de diámetro. Con él se pueden observar algunos detalles planetarios y muchísimos objetos del cielo profundo como cúmulos, nebulosas y galaxias brillantes. Los telescopios de más de 200 mm de diámetro permiten ver detalles lunares finos y detalles planetarios importantes.

—Espera, espera, no sigas. Cuéntame algo sobre inventores —exclamé, cortando su discurso.

Y el paciente Antonio retomaba explicaciones anteriores.

Antonio, mi amigo Antonio, me descubrió personajes como Galileo, a quien se atribuye la construcción del primer telescopio. Galileo Galilei es considerado el <<padre de la astronomía moderna>>, me decía. Observó las fases de la Luna y descubrió que en ella existen montañas. En pocas semanas descubrió la Vía Láctea, contó las estrellas de la constelación Orión y constató que ciertas estrellas, visibles a simple vista, en realidad son cúmulos de estrellas. En 1610 hizo su descubrimiento más importante. Descubrió los cuatro satélites de Júpiter, a los que bautizó con los nombres de Calixto, Europa, Ganimedes e Io, hoy denominados <<satélites galileanos>>. Demostró que todos los cuerpos celestes no giran alrededor de la Tierra y corrigió a aquellos que afirmaban que todos los cuerpos celestes giraban alrededor del Sol.

Mi amigo me hablaba también de la existencia de telescopios como el Hubble, el HST, siglas del inglés del <<Telecopio Espacial Hubble>>, que es un telescopio robótico localizado en órbita circular alrededor de la Tierra a 593 km sobre el nivel del mar.

En 1996, me decía, se puso en órbita otro telescopio espacial, el *Solar and Heliosferic Observatory*, SOHO, situado en una órbita entre el Sol y la Tierra. Su función es observar ininterrumpidamente el Sol.

A veces y aún a riesgo de resultar pesado y machacón, no tenía más remedio que preguntar. Entonces mi amigo Antonio volvía sobre sus pasos y me hacía toda clase de aclaraciones.

—El telescopio Hale, construido sobre el Monte Palomar —continuaba incansable— ha sido durante mucho tiempo el más grande del mundo.

En 2004 se inicia el proyecto *Very Large Telescope Proyect*, VLT, en español <<Telescopio Muy Grande>>, que es un sistema de cuatro telescopios ópticos. El Proyecto VLT forma parte de la *European Southern Observatory*, ESO, la mayor organización astronómica de Europa. El VLT se encuentra en el observatorio Paranal, sobre el cerro Paranal, una montaña de 2635 m, localizada en el desierto de Atacama, al norte de Chile. Este lugar, como el elegido para todos los telescopios, fue escogido por ser una zona desértica donde abundan las noches despejadas.

El telescopio del Yarkes Observatory, en el estado de Wiskonsin, Estados Unidos, es el refractor más grande del mundo, cuyo ocular mide 91 cm de diámetro.

Llegados a este momento, yo interpretaba que mi amigo ya estaba <<borracho>>. Porque, Antonio era abstemio, pero se <<emborrachaba>> hablando de Astronomía. Producto de aquel entusiasmo incansable de mi amigo por la Astronomía, entusiasmo y afición que me inculcó quizás sin saberlo, es mi afición a estar pendiente de los nuevos descubrimientos y de todo lo relativo a las estrellas. Esta afición me ha llevado a seguir la construcción del <<Gran Telescopio Canarias>>, GTC o GRANTECAN, un proyecto español destinado a construir uno de los mayores y más avanzados telescopios del mundo, que comenzó su andadura en la madrugada del 13 al 14 de julio de 2007. Este telescopio está situado en el Observatorio del Roque de Los Muchachos, La Palma, lugar idóneo por la calidad de su cielo.

XII

Antonio, <<el de las estrellas>>, era el apelativo que sus paisanos habían elegido para mi amigo. Apelativo que encontré lógico, aunque su oficio no tenía nada que ver con los astros. Antonio tenía un pequeño taller donde reparaba televisores, ordenadores y toda clase de aparatos, que podían ir desde una batidora a un transistor. Ponía antenas de televisión y solucionaba pequeñas averías de la electricidad del hogar. Era conocido en todos los pueblos de alrededor, a los que acudía cuando le llamaban, porque se le había roto el televisor a Teodora, la Gata, o no funcionaba la lavadora de Petra, la Ratona.

Una mañana de sábado le acompañé a un pueblo cercano para realizar lo que él denominaba una urgencia.

—Vamos a ver qué cuenta la Gata —me decía al mismo tiempo que nos acomodábamos en su furgoneta.

Por cierto inusualmente limpia, con una pulcritud más propia de un santuario que de una herramienta de trabajo.

Pero Antonio era así, distinto. Marcaba diferencias en todo, incluso en el lenguaje. Con sus convecinos hablaba con palabras y frases típicas de la zona, pero cuando hablaba de las estrellas era capaz de utilizar un vocabulario totalmente distinto, que a mí me parecía científico.

—¿Por qué la llamáis la Gata? —pregunté intrigado.

—Cosas de la gente —me respondió soltando una estruendosa carcajada.

Un pesado silencio se hizo en el automóvil, roto apenas por el rum-rum del motor.

—Mira, Marcos, todos los apodos que existen en los pueblos tienen algún motivo, algunas veces razonable y otras no tanto, pero siempre en relación con algún hecho o alguna característica personal. Y lo malo es que lo hereda toda la familia. En el caso de Teodora, fue su abuela materna quien lo comenzó a llevar y después todas las mujeres de la familia fueron <<las Gatas>>.

—Pero, ¿por qué? —insistí.

—Cuentan que en una riña con dos vecinas, no sé por qué motivo, les propinó a las dos tales arañazos en la cara, en brazos, manos y cuello que tuvieron que acudir al médico para curar las heridas. El médico al ver aquellos arañazos tan profundos exclamó: <<¡Parece que os habéis peleado con un gato!>>. Los pormenores de aquella riña y la exclamación del médico se fueron transmitiendo de boca en boca, pero ambas cada vez más adornadas hasta el punto de que hay quien dice que la versión que se conoce del hecho nada tiene que ver con lo que realmente ocurrió. Sin embargo, a la abuela de Teodora la calificaron como <<la Gata>>, las mujeres de la familia fueron <<las Gatas>> y la buena de Teodora sigue siendo <<la Gata>>.

Quedé sorprendido. Nunca se me habría ocurrido pensar que un apodo pudiera proceder de un hecho semejante.

De vuelta al pequeño taller de Antonio, me pareció haber dedicado demasiado tiempo al televisor y a Teodora, la Gata. Así que me disponía, sin dilación, a reanudar mis acostumbradas preguntas sobre todo lo relativo al cielo, cuando…

—Desde la antigüedad —comenzó a contarme mi amigo, sonriendo, quizás porque se percató de mi impaciencia y porque conocía la causa de la misma— se ha intentado clasificar las estrellas en categorías según su brillo. Así el brillo que presenta un objeto tal y como se ve en la bóveda celeste se denomina magnitud aparente. Ptolomeo, en su tratado de astronomía titulado *Almagesto,* popularizó el sistema de medir la magnitud de las estrellas, que se cree fue ideado por Hiparco. Hiparco, astrónomo griego, clasificó las estrellas en categorías, que denominó magnitudes. Las estrellas más brillantes, visibles a simple vista poco después de ponerse el Sol, eran las de primera categoría o magnitud. Las que eran aproximadamente la mitad de brillantes, de segunda magnitud y así sucesivamente hasta llegar a las estrellas más débiles, visibles por el ojo humano en un cielo negro y transparente, que llamó de sexta magnitud.

—De esta forma será muy difícil clasificar una estrella —exclamé, visiblemente alarmado.

—En el siglo XIX, en 1856, —continuó Antonio, intentando satisfacer mi curiosidad— se perfeccionó la escala, basándose en el hecho de que las estrellas de sexta magnitud son unas cien veces más débiles que las de primera magnitud. Esto supone que entre dos magnitudes sucesivas existe una diferencia de brillo de aproximadamente 2,5. Se tomaron algunas estrellas de referencia a partir de las cuales se podían medir los brillos del resto. De forma que, si queremos saber la diferencia de brillo entre dos estrellas, sólo tenemos que multiplicar 2,5 por sí mismo tantas veces como diferencia de magnitud exista entre las estrellas. Por ejemplo, una estrella de magnitud ocho es aproximadamente 2,5 x 2,5 = 6,25 veces más débil que una de magnitud seis. La magnitud aumenta a medida que el brillo disminuye y viceversa.

Aquello no me aclaró demasiado, pero debía esperar a que Antonio terminara su exposición.

—Puede haber magnitudes negativas, —prosiguió con actitud de insistencia—, porque hay estrellas más brillantes que las de primera magnitud. Por ejemplo, el Sol tiene magnitud -4,5. Con el avance de la tecnología, las estrellas más débiles fotografiadas son de magnitud 23, o sea, unos 631 millones de veces más débiles que una estrella de primera magnitud. Sin embargo, el brillo que podemos medir de las estrellas en el cielo no nos da una indicación real de lo luminosa que es una estrella. Una estrella poco luminosa, pero cercana al Sistema Solar puede aparecer más brillante que otra que sea más luminosa, pero que está más lejos.

Para comparar las estrellas entre sí, se calcula el brillo que tendrían si estuvieran a una distancia fija, que de forma arbitraria se ha elegido, igual a 10 pársec, o sea, 32,6 años luz. A este brillo se le denomina magnitud absoluta.

El mismo Antonio convino conmigo en que aquello no era sencillo ni fácil de entender, aunque yo ya conocía y manejaba los números negativos.

—Para medir las distancias en el espacio celeste —continuó, como curiosidad, para terminar— se pueden utilizar tres tipos de unidades. La *unidad astronómica*, que es la distancia media entre la Tierra y el Sol, 149.600.000 km; el *año luz*, distancia que recorre la luz en un año, 9,46 billones de kilómetros ó 63,235 unidades astronómicas; el *pársec*, *paralaje-segundo* , distancia de un cuerpo que tiene una paralaje de dos segundos de arco, equivalente a 30,86 billones de kilómetros ó 3,26 años luz, ó 206,265 unidades astronómicas.

Pasaron varios años hasta que fui capaz de comprender exactamente el significado de estas unidades de medida. En aquel momento me bastó con entender que las estrellas se clasificaron desde los tiempos más remotos por la intensidad de su brillo.

Aquel día, durante la comida, conté la procedencia del apodo de Teodora, la Gata, a mis abuelos y a mi hermana. Lo hice con toda clase de detalles y confieso que mi versión de los hechos fue más exagerada que fidedigna a lo que me había contado Antonio. Una vez más se cumplía que la transmisión del boca a boca proporcionaba versiones de los hechos corregidas a gusto del relator y, por lo general, aumentadas.

Mi conversación con mi amigo sobre la clasificación de las estrellas por su brillo ni la mencioné. No recuerdo si fue por olvido o porque temía que alguna pregunta pusiera en evidencia mis debilidades de comprensión.

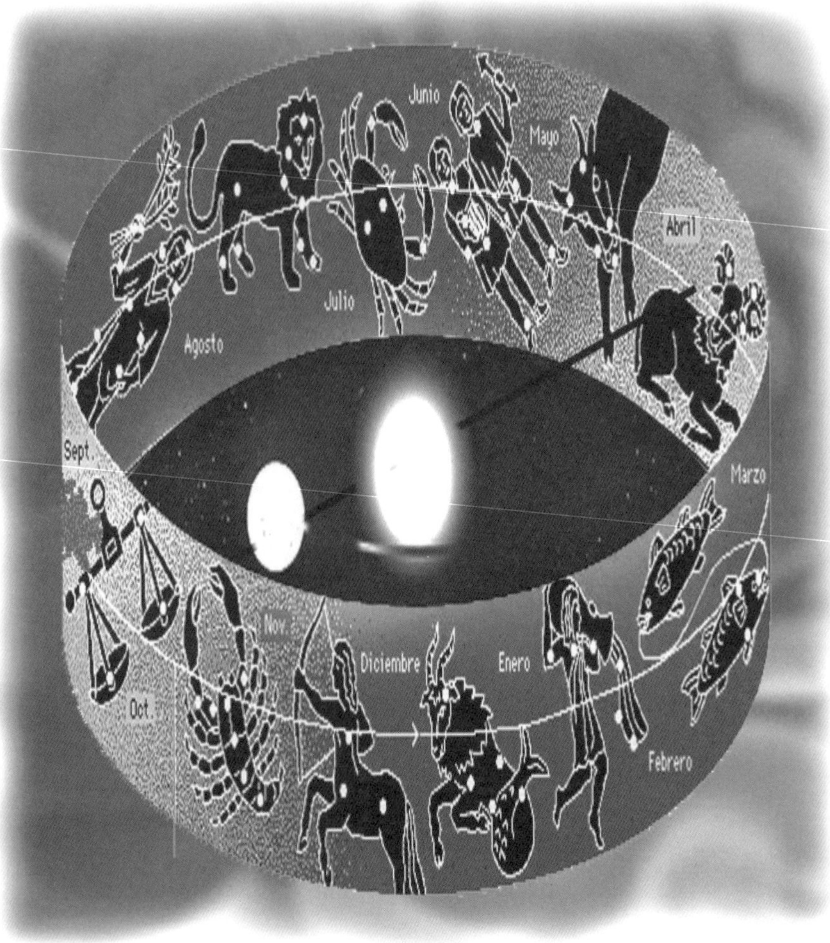
Junio
Mayo
Abril
Julio
Agosto
Sept.
Marzo
Nov.
Diciembre
Enero
Oct.
Febrero

XIII

Recuerdo que un día leyendo el horóscopo en una revista me sumergí en un mar de dudas. Pensé rápidamente en Antonio. Seguro que él sabría disipar todas mis dudas. Durante los días restantes de la semana aprovechaba cada momento de ocio para pensar sobre ello. No podía entender por qué los astros pueden determinar la forma de ser y la vida de las personas. Sobre este tema nunca me había dicho nada mi amigo.

Antonio, como esperaba, recibió mis preguntas con una sonrisa.

—Marquitos —me dijo— es que no paras. Mira, hay que diferenciar entre Astrología y Astronomía. La primera es una creencia y la segunda, una ciencia. El horóscopo, en astrología, es un conjunto de métodos de adivinación basados en la posición de los astros en el momento del nacimiento de una persona. Es lo que se conoce también como <<carta natal>>. La Astrología, por tanto, es el conjunto de creencias que pretenden conocer y predecir el destino de las personas, al mismo tiempo que pronosticar los sucesos futuros, basándose en la posición y en el movimiento de los astros. Por el contrario la Astronomía, etimológicamente <<ley de las estrellas>>, es la ciencia que se ocupa de los cuerpos celestes, de sus movimientos y de los fenómenos ligados a ellos; entendiendo como ciencia <<el conocimiento organizado y sistemático, obtenido mediante la observación y el razonamiento, del que se deducen principios y leyes>>.

Antonio, para mí, era una persona admirable por el que sentía auténtica veneración. Bastaba con iniciar un tema para que abriera su gran caudal de conocimientos. En aquella ocasión siguió incansable, como de costumbre, explicándome que el Sol, visto desde la Tierra, parece moverse contra un fondo de estrellas. Los grupos estelares delante de los cuales se mueve, se conocen como el Zodiaco y son doce. Desde la Tierra podemos ver diferentes figuras estelares a medida que ésta orbita alrededor del Sol, acompañando a éste en su órbita. El Zodiaco, del griego <<animal>> y <<camino>>, es llamado así porque la mayoría de las figuras que lo componen son de animales. Se cree que los signos del Zodiaco tuvieron su origen en Mesopotamia, territorio entre los ríos Éufrates y Tigris, hacia el año dos mil antes de Cristo. Más tarde, los griegos tomaron los signos de los pueblos babilónicos y los transmitieron a otras civilizaciones. El Zodiaco es una banda sobre la esfera celeste que se extiende a ambos lados de la eclíptica. La eclíptica es el plano que contiene la órbita de la Tierra alrededor del Sol y también la línea que aparentemente recorre el Sol a lo largo del año respecto del fondo también aparentemente inmóvil de las estrellas. Las órbitas de la mayoría de los planetas del Sistema Solar están contenidas en la eclíptica o muy próximas a ella.

En cualquier época del año se nos muestran durante la noche las estrellas situadas en el lado opuesto al Sol.

Por entonces ya conocía, porque mi amigo Antonio me lo había enseñado, que las constelaciones son agrupaciones de estrellas formando como regiones delimitadas arbitrariamente en la bóveda celeste, que habían surgido de la tradición de culturas antiquísimas. Los babilónicos, hace más de cuatro mil años, utilizaron las constelaciones del Zodiaco como calendario para visualizar el tiempo. La región zodiacal se divide en doce partes, igual que hay doce lunas al año. Las constelaciones del Zodiaco se suelen nombrar, cada vez con mayor frecuencia, en español. Mi amigo solía nombrar cada constelación añadiendo al nombre un apellido: Capricornio, <<el pez carnero>>; Acuario, <<el escanciador>; Piscis, <<los peces>>; Aries, <<el carnero>>; Tauro, <<el toro>>; Géminis, <<los gemelos>>; Cáncer, <<el cangrejo>>; Leo, <<el león>>; Virgo, <<la diosa virgen>; Libra, <<la balanza>>; Escorpio, <<el escorpión>> y Sagitario, <<el arquero>>.

Con el tiempo tuve ocasión de recorrer todas y cada una de estas constelaciones a través del telescopio y a ordo de la nave espacial de mi imaginación, acompañada de mi fantasía.

CAPRICORNIO

El Pez Carnero

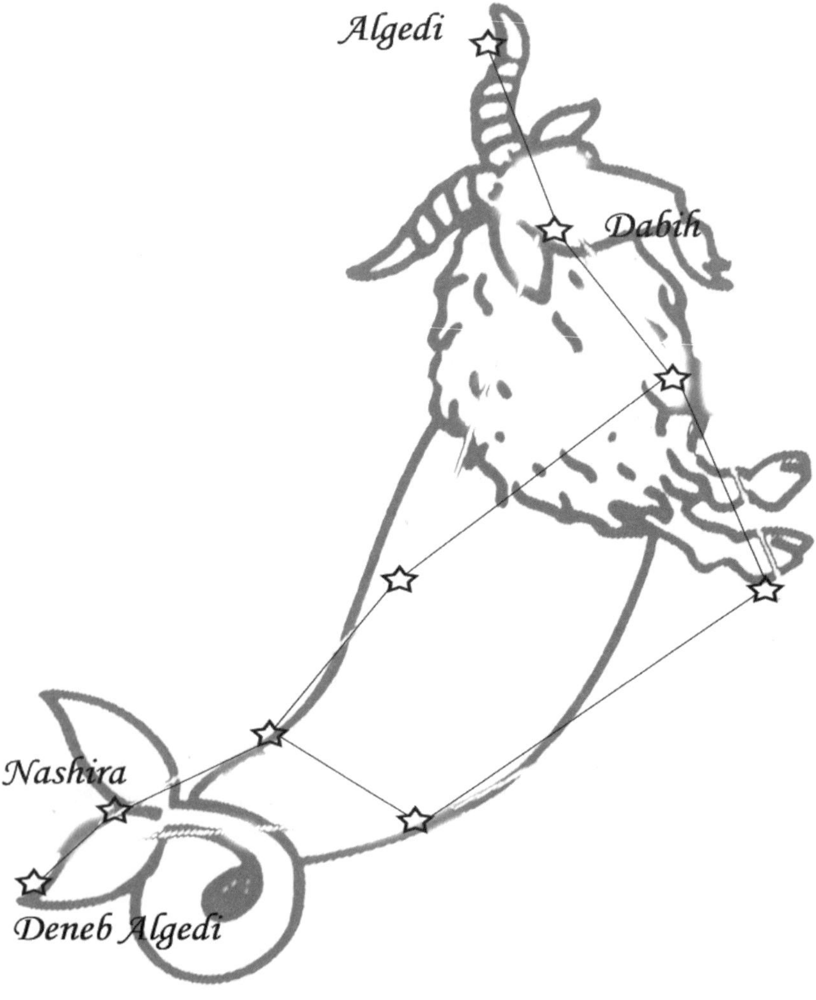

XIV

No recuerdo el día exacto, pero fue uno de los primeros de agosto.

—Es un buen momento para observar la constelación de Capricornio —me dijo Antonio, mi amigo Antonio, <<el de las estrellas>>.

Y acto seguido se aplicó a preparar el telescopio. Mientras lo hacía, seguía explicándome:

—Esta constelación es difícil de apreciar, sobre todo desde nuestro hemisferio, el hemisferio norte, y la altitud a la que nos encontramos. Capricornio está situada al sur del ecuador celeste. La localizaremos trazando una línea imaginaria que parta de la estrella Vega, de la constelación Lira, fácil de localizar, pasando por Altair, de la constelación Águila, hasta llegar a Algedi y Dabih, que son las estrellas <<alfa>> y <<beta>>, situadas en los cuernos de la cabra, figura con la que se representa desde tiempos inmemoriales a esta constelación.

Recordé, entonces, las explicaciones de mi amigo. La estrella <<alfa>> era la de mayor magnitud y la <<beta>>, la seguía en rango. Aunque más tarde descubriría que este tipo de denominación, en general, se refería al catálogo realizado por Bayer, sin tener en cuenta que después se descubrieron estrellas más brillantes que las catalogadas por éste como <<alfa>>.

—Y, si no la encontramos, usaremos el ordenador acoplado al telescopio —repliqué como solución para asegurar la búsqueda.

Antonio no pareció oír la, para mí afortunada aclaración, y siguió explicando con la naturalidad tan característica en él:

—Capricornio es la constelación más pequeña del Zodiaco y la más difícil de observar. En cambio, son fácilmente visibles para nosotros las del hemisferio norte. Esto es así hasta el punto de que las actuales constelaciones de este hemisferio, difieren muy poco de las que conocieron, en épocas muy antiguas, los caldeos y los egipcios. Ptolomeo, astrónomo y matemático griego, del que ya te he hablado alguna vez, en su *Almagesto*, describió cuarenta y ocho constelaciones, de las cuales se siguen conociendo con el mismo nombre cuarenta y siete.

En cambio, las constelaciones del hemisferio sur no fueron conocidas hasta finales del siglo XVI, cuando los primeros exploradores europeos llegaron a los mares del sur y trazaron mapas del hemisferio austral.

Al terminar esta última frase, el telescopio ya estaba preparado y dispuesto para iniciar nuestra búsqueda. No fue necesario usar el programa de ordenador. Antonio dirigió mi periplo por el universo hasta llegar a Capricornio.

—Desde luego nuestros antepasados echaron imaginación para ver en este grupo de estrellas una cabra con cola de pez —exclamé.

Mi amigó sonrió al mismo tiempo que me propinaba un suave y, por ello, cariñoso pescozón.

—El Sol pasa por esta constelación —continuó diciendo— del diecinueve de enero al dieciocho de febrero aproximadamente. Pero el mejor momento para observarla, por encontrarse más alta en el cielo nocturno, es en agosto y septiembre, y, sobre todo, los primeros días de agosto.

Hicimos un recorrido por las estrellas principales de la constelación, mientras Antonio, incansable, me explicaba:

—*Alfa* de Capricornio es una estrella visible a simple vista, denominada también Al Giedi o Algedi. Es binaria, dos estrellas aparentemente juntas de color amarillo-naranja. *Beta* de Capricornio, también llamada Dabih, del árabe <<Al Sa´d al Dhabih>>, <<el afortunado de los matarifes>>, refiriéndose a la antiquísima tradición de los árabes de sacrificar una cabra cuando el Sol entraba en esta constelación. Es una estrella binaria de color azul-amarillo; *Delta* de Capricornio, denominada también Deneb Algedi. Es su estrella más brillante. También es conocida como <<el rabo de la cabra>>. *Gamma* de Capricornio, Nashira, del árabe donde significa <<afortunada>>…

Los ecos de la voz de mi amigo me llegaban lejanos. Mirando a través del telescopio, me hallaba ya viajando entre las estrellas. Allí, envuelto por un silencio sepulcral, me bañaban cascadas de luz multicolor, horadadas por zonas de una negrura infinita. Por un momento me invadió un miedo helado y solitario. Me encontraba cerca de Nashira, <<la afortunada>>, cuando creí divisar una figura humana un tanto difuminada entre los destellos estelares que me rodeaban. De pronto, comencé a escuchar una voz profunda, que parecía ocupar todo el universo, cuyos ecos se perdían en el infinito.

—Nosotros, los griegos —me decía aquel ser espectral— vimos en este grupo de estrellas al dios Pan, que era parecido a un <<cabro>> y convirtió su parte trasera en pez para escapar del monstruo marino Tifón.

Agudicé la vista todo lo que pude en un intento de descubrir quien era aquel ser, que no alcanzaba a divisar con claridad. Fue en vano, lo único que llegaba a mí con claridad era su voz envolvente.

—Chronos, a quien los romanos llamaron Saturno, —continuó diciendo— engendró a Pan en Amaltea. A Amaltea, <<la ternura>>, ninfa, que fue nodriza de Zeus, se la representa como la cabra que amamantó al dios cuando era niño, en una cueva de Creta, en el monte Ida. Pan nació cubierto de pelo, con cuernos de chivo, cola y cascos. Su madre al verlo lanzó un grito de espanto y huyó despavorida. Hermes, Mercurio para los romanos, entonces llevó al recién nacido al Olimpo para que divirtiera a los dioses. Más tarde, Seleno, hijo de Pan, y sus nietos, fueron llamados los <<sátiros>>, convirtiéndose en personajes cómicos. Pan fue un dios, cuya visión producía espanto. De ahí el significado de la palabra <<pánico>>.

Aquel miedo helado, que me invadía, supuse que era pánico, tal como me había relatado aquella voz. Porque, de pronto, a un frío penetrante, que parecía helar hasta mis huesos, le sucedieron oleadas de un calor tan sofocante que me vi bañado totalmente de sudor y con una sensación de ahogo infernal.

—Según la leyenda, Tifón, hijo de Gea, la Tierra, y de Tártaro, el inframundo, —continuó diciendo aquella voz sin, al parecer, percatarse del pánico que me producía— era un horrible monstruo alado con un centenar de serpientes enredadas en sus extremidades, que echaba fuego por la boca. En una ocasión apareció de improviso en una fiesta que celebraban los dioses de los campos a orillas del río Nilo. Todos huyeron despavoridos al notar su presencia y, entonces, el dios Pan, protector de los bosques y de los cazadores, intentó ponerse a salvo arrojándose al río, donde se transformó en animal acuático.

Zeus, el dios más poderoso, admiró aquella estrategia y lo elevó al cielo, formando la constelación de Capricornio.

Poco a poco, mientras escuchaba el relato, me fui desprendiendo de aquel pánico pavoroso. Pero seguía sin ver con claridad la imagen de aquel ser etéreo.

—Otros —continuó explicándome —cuentan que Amaltea tenía hermosos cuernos que la crecían y derramaban néctar y ambrosía. Cuando uno de ellos se quebró, lo llenaron de frutos para ofrecérselos a Zeus. Es el famoso <<cuerno de Amaltea>>, símbolo de la abundancia y de la dicha. A partir de este suceso, Zeus la colocó en el cielo formando una constelación.

Ya más calmado, mientras escuchaba aquellos ecos, perdidos en la distancia y en el tiempo, trataba de identificar a aquel ser extraño. Hasta que llegué a la conclusión de que se trataba de Eudoxio de Cnidos. Eudoxio fue un matemático, filósofo y astrónomo griego del siglo IV antes de Cristo. De este personaje me había hablado Antonio recientemente.

—Piensas pasarte pegado al telescopio toda la noche —oí decir a mi amigo, mientras me presionaba suavemente en los hombros para sacarme de aquel ensimismamiento.

De vuelta a la realidad, sentí un profundo bienestar al verme libre de aquella angustia. Expliqué a Antonio con todo detalle mi viaje por el espacio. Y a Antonio, mientras escuchaba, se le dibujó en el rostro una sonrisa pícara, seguramente porque identificó en mi relato todo aquello que él mismo me había contado. Sin embargo, para mí fue un verdadero viaje sideral y una auténtica aventura.

ACUARIO

El Escanciador

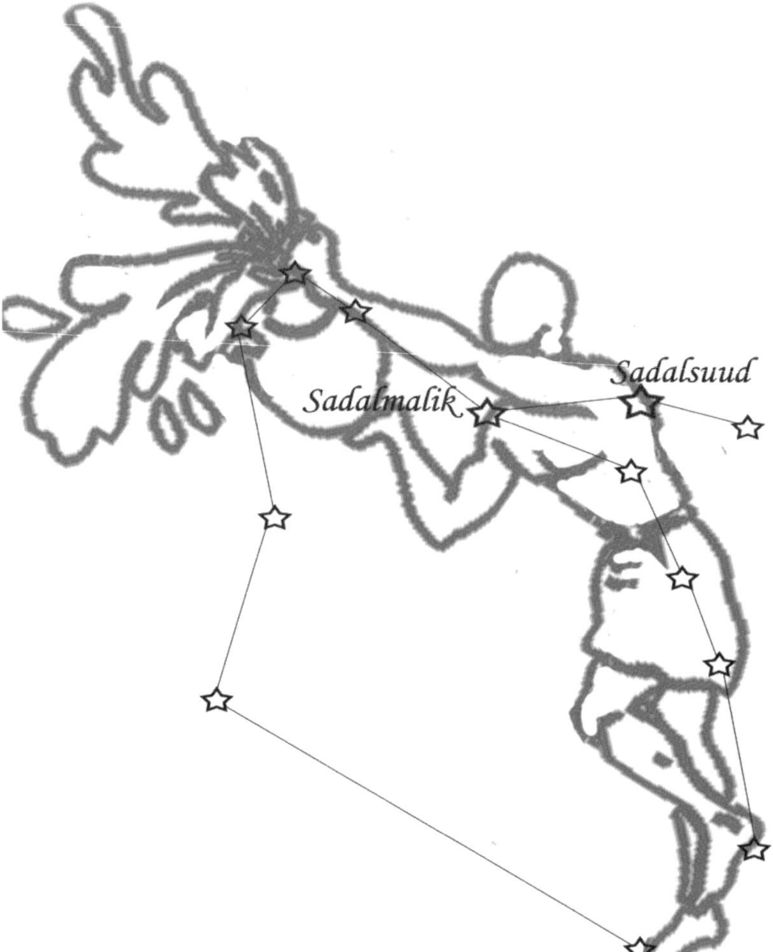

XV

Una tarde de octubre nos afanábamos en preparar el telescopio. Nos disponíamos a observar la constelación de Acuario y debíamos comenzar alrededor de las nueve, porque ésta, según Antonio, mi guía sideral, era la mejor hora para observarla.

—Esta constelación se conoce desde muy antiguo —me decía—. Ya los sumerios, cuya cultura está considerada como la más antigua, la dieron este nombre en honor a su dios An, que derramaba el agua de la inmortalidad sobre la tierra. Consta de cincuenta y seis estrellas visibles, pero la mayoría son débiles.

—Está situada al sur del ecuador celeste y el Sol atraviesa por esta constelación en los meses de febrero y marzo —exclamé ufano de poder proporcionar algún dato.

Mi amigo sonrió complacido, puesto que aquello era un indicativo de mi interés por todo aquello que él amaba.

—Acuario tiene dos regiones de las que parecen provenir dos familias de meteoros, de ahí el nombre de las lluvias de meteoritos: <<*Eta* Acuáridas>> y <<*Delta* Acuáridas>> —siguió explicándome—. *Eta* Acuáridas entra en actividad del diecinueve de abril al veintiocho de mayo y el objeto madre es el cometa Halley. Esta lluvia de meteoritos tiene su momento culminante el cinco y seis de mayo y la mejor hora de observación son las horas previas al amanecer. Esta lluvia se da en el hemisferio sur. Desde el hemisferio norte se ven la lluvia de meteoritos y Marte, <<el planeta rojo>>. Y desde el hemisferio sur se ven, además, la Luna en creciente y Mercurio, <<el hermoso>>. La Tierra pasa cerca de la órbita de este cometa dos veces al año. Aunque el cometa está muy lejos, partículas de polvo y trozos pequeñísimos de Halley están moviéndose todavía en el Sistema Solar. Son los restos de los encuentros cercanos del cometa al Sol. Cada vez que Halley retorna a las cercanías del Sol, cada setenta y seis años, el calor solar evapora aproximadamente seis metros de hielo y roca de su superficie. Estas partículas se extienden por la órbita del cometa, formando una corriente alargada de polvo espacial. La Tierra pasa a través de esta corriente una vez en mayo y otra en octubre.

Por primera vez conocía cual era la causa de una <<lluvia de estrellas>>. Aunque rápidamente pensé en la posibilidad de hubiera algunas más. Pero…

—*Delta* Acuáridas —continuó Antonio, sacándome de mis pensamientos— tienen actividad del doce de julio al diecinueve de agosto. Se llaman así porque el punto en donde se observan los meteoritos en el cielo se encuentra en la constelación de Acuario, cerca de su estrella *Delta*. Esta lluvia de meteoritos es mucho más vistosa en las regiones del sur terrestre. Hay dos lloviznas de meteoritos: *Delta* Acuáridas Sur y *Delta* Acuáridas Norte. La primera tiene su punto culminante en los días veintiocho y veintinueve de julio y la segunda el trece de agosto, aunque están activas del quince de julio al veinticinco de agosto.

Entonces recordé que más de una noche habíamos observado en verano aquellas <<lluvias de estrellas>>. Antonio, en cierto modo era como mi abuelo. Siempre pensé que mi amigo lo sabía todo en lo relativo al cielo y mi abuelo lo sabía todo de todo.

—Te diré algunas características de las estrellas más conocidas entre las que vamos a observar —continuó diciéndome—. *Alfa* de Acuario, llamada Sadalmelik, es una supergigante amarilla; *Beta* de Acuario, denominada Sadalsuud, es la más luminosa; *Gamma de* Acuario, Sadachbia, es una estrella binaria; *Delta* de Acuario, Eskat o Scheat, es blanca-azulada y la tercera más brillante; *Épsilón* de Acuario, Albali, es blanca-azulada; *Lambda* de Acuario, Hydor, es una gigante, roja; *Zeta* de Acuario, sistema binario blanco-amarillo, formado por dos estrellas, que se encuentra en el ecuador celeste, con la particularidad de que a finales del año 2003 estaba en el hemisferio sur, momento en el que cruzó al hemisferio norte; *Eta* de Acuario, estrella blanca-azulada, que actualmente se encuentra al sur del ecuador celeste, pero debido a la precesión de los equinoccios, cruzará el ecuador el uno de octubre de 2022, pasando a ser una estrella del hemisferio norte.

Llegado este momento, impedí que mi amigo siguiera con sus explicaciones. Ya me parecían sus explicaciones demasiado complicadas y largas como para permitirle seguir. Estaba convencido de que no terminaría nunca. Llegaba la hora prevista, las nueve de la noche, y lo que deseaba era aplicar mis ojos al ocular del telescopio.

—Ya salió el pequeño impaciente que llevas dentro —exclamó mi amigo.

Pero hice caso omiso del comentario y me apliqué al telescopio, deseoso de comenzar mi viaje estelar por Acuario.

En pocos instantes me transporté entre las estrellas. Allí, donde el silencio estaba plagado de luces anaranjadas, azuladas, plateadas y de mil colores más. Así llegué a un lugar recóndito del espacio, donde un grupo bastante numeroso de estrellas me rodearon.

Un objeto volante se acercaba a mí, produciéndome una gran angustia. Parecía dispuesto a engullirme. Era una mezcla de insecto y helicóptero, que despedía una luz, por intensa, cegadora. La percepción de la forma creo que era más imaginaria que real. Llegado a un punto cercano a mí, realizó un giro, que me permitió verlo con claridad. Su tamaño era descomunal. Parecía una abeja gigante y panzuda, con un dispositivo en la parte superior que me recordaba a la hélice de un helicóptero, pero que no giraba sobre su eje. De pronto se paró y, pasados unos instantes, creí ver que de él salían unos seres extraños, extremadamente altos y delgados, que se movían muy lentamente. Un pánico infernal se apoderó de mí, cuando comprobé que uno de ellos se me acercaba. No tenía rostro y sin embargo su actitud era conciliadora y hasta diría que amistosa; no hablaba con palabras como las nuestras y, pero extrañamente pude comprender lo que me decía.

—¿Qué haces por estos lugares? ¿Acaso estás perdido en el espacio? —me dijo sin utilizar palabras.

—Yo te puedo ayudar a situarte, pero no a volver al lugar de donde vienes —añadió.

—Procedo del planeta Tierra o, al menos, así lo llamamos nosotros —repliqué con voz tenue y titubeante, sin saber exactamente si entendía mi lenguaje.

—No temas, yo soy ciudadano del universo. Entiendo todos los idiomas del mismo y soy mensajero de la paz y la amistad entre todas las criaturas —me respondió.

—Yo también vengo en son de paz —respondí.

E inmediatamente caí en la cuenta de mi debilidad. Quién era yo para venir en son de paz, si, por mi debilidad, no podía ni quería hacer la guerra.

Aquel ser extraño se movió lentamente mostrándome aquel rincón del universo.

—Estás en la región del espacio que los terrícolas llamáis la constelación de Acuario —me explicó—. Te diré lo que en tu planeta se cuenta de esta constelación.

No encontraba motivo, pero lo cierto es que estaba aterrorizado. Aquel ser de no sé qué rincón del universo no había mostrado más que amabilidad y, desde luego, no me había dado ningún motivo por el cual tendría que sentir miedo. Poco a poco me fui tranquilizando, hasta que, superada mi turbación, fui capaz de prestar atención a lo que se disponía a contarme.

—Esta constelación, en la antigüedad, fue representada como un joven que derrama agua. Algunos dicen que representa a Ganimedes, príncipe troyano, otros a Deucalión, rey del que procede la estirpe de los griegos. Se encuentra entre las constelaciones de Capricornio y Picis y también colinda con Cetus, la Ballena y Pegaso, el Caballo Alado.

Se cuenta que Ganimedes, fue secuestrado por Zeus, padre de todos los dioses, en el monte Ida de Frigia, lugar de más de una leyenda mítica de Troya. Pasaba allí el tiempo destinado a completar la parte rústica de su educación a la que se veían sometidos muchos héroes, cuidando rebaños de ovejas, acompañados de sus amigos y tutores. Zeus, al verlo, se quedó prendado de su hermosura y, transformándose en águila, se lo llevó al Olimpo, morada de los dioses. Todos los dioses admiraron la hermosura del joven Ganimedes y su presencia en el Olimpo fue celebrada por todos menos por la diosa Hera, esposa de Zeus, que lo despreciaba.

El padre de Ganimedes estaba apenado porque echaba de menos a su hijo, por lo que Zeus, compasivo, le recompensó regalándole, por medio del dios Hermes, dos caballos tan veloces que podían correr sobre el agua. El mismo Hermes le aseguró que su hijo ahora sería inmortal y ocuparía el distinguido puesto de <<copero de los dioses>> en el Olimpo.

Hera se quejó por sentirse ultrajada, ya que, hasta entonces, había sido su hija Hebe la <<copera de los dioses>>. Esto desató la ira de Zeus, que, para ensalzar más a Ganimedes, le puso entre las estrellas como la Constelación Acuario. Este relato identifica a Acuario, conocido también como <<escanciador>>, con Ganimedes, que era, según se cuenta uno de los mortales más hermosos.

Los terrícolas denomináis también con este nombre, Ganimedes, al satélite más grande de los dieciséis que giran alrededor del planeta Júpiter. Ganimedes es el satélite más grande del Sistema Solar. Ten en cuenta que es mayor que el planeta Mercurio, el menor de los planetas. Este satélite de Júpiter lo conocéis en la Tierra desde que Galileo lo descubrió, hace ya más de cuatro siglos.

De pronto apareció otro ser espectral que interpreté venía a buscar a su congénere, porque éste, despidiéndose de mí con un ademán, le siguió hasta lo que yo identificaba como una extraña nave espacial, que desapareció silenciosamente a la velocidad del rayo. De nuevo quedé solo en aquel inmenso océano de luces y parpadeos. Pero ya no sentía miedo, todo lo contrario. Me sentí un ser etéreo en la luz y en la negrura del universo. Me había liberado de la esclavitud de mi cuerpo y de toda clase de esclavitudes. Allí no había normas, ni horarios, ni la necesidad de comer y dormir; no existía el dolor, ni el cansancio. Tampoco existía el tiempo, ni, por tanto, la posibilidad de envejecer. Sólo noté mi existencia; yo era, yo existía; y aquella existencia, despojada de toda materia, se me antojaba eterna, atemporal.

Un ruido brusco e irreconocible me sacó de aquel edén tan inusitado como sorprendente.

Y, terminada la sesión de telescopio, aquella noche dormí plácidamente.

PISCIS

Los Peces

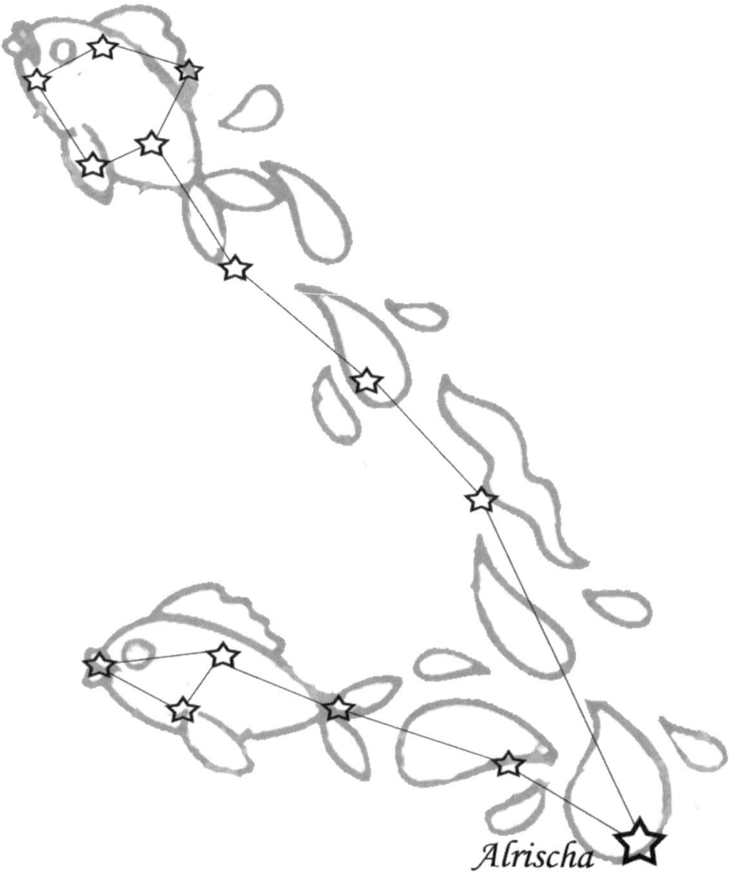

XVI

No recuerdo si fue días antes de Nochebuena o inmediatamente después de haber comenzado el nuevo año. Recuerdo que era un día frío de invierno con cielo encapotado y llovizna intermitente. En el salón donde nos reuníamos los huéspedes del hotel, me lamentaba ante mi amigo Antonio de no poder utilizar el telescopio aquella noche. Pero mi amigo no se rendía fácilmente.

—Pues nos sentaremos en estos cómodos sillones, aquí al amor del fuego de la chimenea —me respondió con toda tranquilidad— y hablaremos sobre las estrellas.

La noche comenzaba a cubrir prematuramente con su negro manto el paisaje que se veía desde la ventana del salón. Las cimas de las montañas eran siluetas en el horizonte, que ocultaban sus picachos escarpados; los árboles se confundían con la bruma, como fantasmas casi imperceptibles, y los tejados de las casas más próximas aparecían bañados por un brillo mortecino al recibir la luz del alumbrado de las calles, amortiguada por la neblina húmeda de la todavía joven noche invernal. Un escalofrío me recorrió todo el cuerpo. Y me pareció más amable y envolvente la calidez del salón y su decoración más acogedora.

—Hoy te voy a hablar de la Constelación Piscis —me espetó Antonio mientras se acomodaba en uno de los sillones.

Y comenzó a situar en el cielo dicha constelación.

—Se encuentra debajo de Andrómeda y el gran cuadrilátero de Pegaso, entre Acuario y Aries. Las estrellas más destacadas, si es que destaca alguna, porque es una constelación bastante débil, son:

Alfa de Piscis y Alrisha o Alrischa, que significa <<cuerda>>. Ésta es una estrella doble.

Beta de Piscis, Fum al Samakah, del árabe, <<hocico del pez>> o Fermalhaut, en griego.

Gamma de Piscis, es una gigante amarilla-naranja.

Eta de Piscis, también se la denomina con el nombre babilónico <<Kullat Nunu>>.

Destaca una galaxia espiral con dos brazos también espirales claramente definidos. Y dos galaxias en proceso de colisión.

Este último detalle fue para mí fuente de preocupación. ¿Qué pasaría al colisionar dos galaxias? Nada bueno, pensaba. Pero inmediatamente reflexioné y deduje que ya habrían colisionado otras y ni siquiera se había notado. Este pensamiento me tranquilizó. Me pareció más curioso el hecho de que en esta constelación se hayan descubierto planetas extrasolares.

—En la cultura Cristiana —enfatizó mi a migo— Piscis ha sido identificada con Cristo, <<primer pez>> que nació después de que el punto equinoccial de marzo hubiera precesionado de Aries a Piscis, marcando así el principio de una nueva Gran Era para la Humanidad.
La precesión de los equinoccios —me aclaró Antonio— fue descubierta por Hiparco, astrónomo griego, hacia el siglo II a. C., o sea, hace más de dos mil años. Este fenómeno ha originado que todas las constelaciones aparentemente se hayan movido ligeramente respecto a las posiciones que ocupaban hace ahora unos dos mil años. Decimos que las constelaciones se han desplazado aparentemente, porque en realidad lo que se ha desplazado es el punto Aries o equinoccio de primavera, que utilizamos como origen. El punto Aries es el punto en el que el Sol atraviesa el ecuador celeste y se denomina equinoccio porque en ese momento el día y la noche tienen la misma duración.

Aquella tarde mi amigo todavía permanecía invadido por el espíritu de la Navidad o eso creí entonces. Porque después de afirmar que durante muchos siglos Astronomía y Astrología se confundieron, me explicaba cómo la estrella que siguieron los Magos de Oriente, en realidad fue la conjunción de los planetas Venus y Júpiter en la Constelación Piscis. Este hecho ocurrió en el año siete antes de Cristo. En aquel tiempo, en el que convivía lo mágico con lo científico, se creía que Júpiter era el planeta de todo lo que tenía que ver con los reyes; Saturno era conocido como protector del pueblo de Israel; y la Constelación Piscis se refería al territorio de Israel, Palestina. La conjunción de estos planetas ocurrió el veintinueve de marzo del año siete antes de Cristo, lo que significó para aquellos astrónomos y a la vez astrólogos y magos, que era señal de que iba a nacer un gran Rey y Mesías. Esta misma conjunción planetaria volvería a darse el tres de octubre del mismo año. Así ocurrió y, entonces, se pusieron en marcha portando regalos para honrar al gran Rey cuyo nacimiento anunciaban los cielos. Durante seis semanas atravesaron el desierto, hasta que el cuatro de diciembre de nuevo se produjo la conjunción de los dos planetas, visible como si fuera una estrella, hacia el Sur. Ya no había duda, había nacido el Mesías. El camino de Jerusalén a Belén quedaba en línea norte-sur, por lo que sólo tenían que seguir a la <<estrella>>. Por esto dicen los textos sagrados que la estrella iba delante indicándoles el camino.

Había descubierto una nueva faceta de mi amigo Antonio, lo mágico, el lenguaje de las estrellas, el hecho de que fueran anunciadoras de grandes acontecimientos y sirvieran para predecir hechos capaces de cambiar la Historia. El punto equinoccial había pasado de Aries a Piscis, dando lugar a un nuevo periodo para la Humanidad y con éste, Piscis, los Peces, como símbolo de la aparición de un nuevo y diferente Rey, que no se ocupaba de las cosas terrenas, y era un Mesías.

Antonio, mi amigo, continuó durante largo rato hablándome de Piscis, pero nunca supe por qué, aprovechaba sus inflexiones de voz tan características para remarcar cómo los hombres de la antigüedad aprendieron a leer en las estrellas de forma que podían predecir acontecimientos. Ya no era yo sólo el que dejaba volar mi imaginación juvenil por galaxias y constelaciones, sino que los adultos desde los tiempos más remotos también lo habían hecho. Incluso mi amigo, a quien consideraba un científico, siempre ocurrente y predispuesto a contar situaciones cómicas, pero frío por lo racional, cuando hablaba de Astronomía, dejó al descubierto ante mí que disfrutaba con el mundo de lo mágico. Este hecho me sorprendió primero y me hizo pensar después: ¿Sería que el misterio es una de las cosas más hermosas que los seres humanos podemos experimentar? ¿Sería que el misterio es la fuente del verdadero arte y de la verdadera ciencia?

Aquella noche cené, asombrando a mis abuelos y a mi hermana con mi desacostumbrado silencio, y pronto me fui a la cama. Pero no porque tuviera sueño sino porque deseaba pensar sobre la nueva faceta que había descubierto en mi amigo y en todo lo que me había contado durante la tarde.

A pesar de mis propósitos, recordando escuchar la voz de Antonio, pasé, creo que muy pronto, a la ensoñación. Sin saber cómo me encontraba en medio de un desierto de arenas doradas, teñidas de un rojo pálido por el sol del atardecer. La luz huía mientras dejaba paso a la oscuridad de la noche.

Un velo negro cuajado de rutilantes estrellas cubría el cielo, cuando divisé a lo lejos una figura humana bañada en plata que se acercaba. Aquel desierto era la soledad y las estrellas mis compañeras bajo el manto de la noche. Pero ni la soledad me asustaba ni la oscuridad me daba miedo. Ni siquiera aquella criatura desconocida, que lenta y misteriosamente se acercaba a mí.

—¿Qué haces en un lugar tan inhóspito y solitario como éste? ¿Qué buscas o a quién buscas? —me preguntó con voz dulce y pausada.

Era una joven bellísima, que vestía de azul una prenda que la cubría todo el cuerpo y tocaba su cabeza con un turbante blanco, de forma que sólo podía ver su rostro y los pies desnudos. Iba descalza.

—Yo me llamo Marcos y soy aficionado a la Astronomía —acerté a responder—. Y tú, ¿quién eres, qué haces aquí?

—Soy la Dama del Desierto y habito en estos parajes para ayudar a los humanos a salir de este mar de arena —respondió, al mismo tiempo que se acercaba más a mí. Su cercanía me produjo tal turbación que sin quererlo comencé a tartamudear.

—Pe… pero, có… cómo vas descalza por la arena. Te abrasarás los pies durante el día —exclamé.

Y mi exclamación fue un grito.

—No te preocupes, durante el día jamás me encontrarás por estos lugares —respondió esbozando una sonrisa—.

Me alegro que seas aficionado a la Astronomía, porque la única manera de salir de este desierto es guiándote por las estrellas, así que en tu caso será fácil la salida.

Aquello me alivió. Mira por donde me iba a servir lo que sabía de las estrellas.

—¿Tú conocerás bien las constelaciones? —pregunté animado por la perspectiva de salir de allí con facilidad.

La Dama del Desierto sonrió levemente. Su rostro me parecía demasiado estático, como si aquella criatura, surgida de la oscuridad en pleno desierto, no pudiera estar entre los humanos. Ni reír como ellos.

—Me ves joven, sin embargo soy tan vieja como el mundo, existo desde siempre. Conozco el cielo y todo lo que se ha dicho y escrito sobre él, sea cierto o no —contestó con aplomo.

—Indícame cual es la Constelación Piscis, donde se dice que apareció la <<estrella>> que guió a los Magos de Oriente hacia Belén —supliqué.

—Las estrellas de Piscis —continuó, moviendo su cuerpo como si estuviera suspendido en el aire— no son muy brillantes. El Sol pasa por Piscis desde mediados de marzo a mediados de abril; es la constelación del equinoccio de marzo, o sea, cuando la duración del día y la noche son iguales. Es el momento en que el Sol atraviesa el ecuador celeste, fenómeno que ocurre dos veces al año.

El relato más antiguo, de los que se cuentan en tu planeta, nos cuenta que el origen del simbolismo del pez está en que un gran pez salvó a Dérceto, diosa siria que era mitad pez y mitad mujer, cuando ésta se precipitó en una laguna. En esta versión, Dérceto era hija de Afrodita. Cuando el relato llega a la antigua Grecia, se transformó en la leyenda de Afrodita y su hijo Eros. Los dos fueron sorprendidos por el monstruo Tifón.

Rápidamente recordé que ya había oído hablar de este monstruo legendario.

—¿Quién era Tifón exactamente? —pregunté con urgencia.

—Tifón, hijo de Gea, la Tierra, y Tártaro, lugar de sufrimiento eterno, era un gigante cuyas piernas estaban formadas por enormes serpientes, sus brazos se alargaban a voluntad por el cielo y con su cabeza de asno tocaba las estrellas. Cuando levantaba el vuelo sus alas ocultaban el sol y cuando abría la boca expulsaba rocas y fuego, incluso era capaz de abrasar con su mirada cuando se encolerizaba. Fue un ser violento, capaz de hacer temblar la tierra y producir vientos huracanados. En su lucha contra los dioses del Olimpo, fue el responsable de la desaparición de reyes y reinos enteros, de la aparición de los volcanes y de otras catástrofes que asolaron el planeta Tierra. Era tan devastador que los mismos dioses le tenían miedo, hasta que Zeus lo capturó y lo llevó a Sicilia donde le sepultó bajo el Monte Etna. Desde allí, en ocasiones, todavía lanza sus rugidos a través del volcán.

Me removí inquieto en la cama, imaginándome aquella bestia que me describía la Dama del Desierto.

—Pero Afrodita —continuó diciéndome aquella Dama— sabía la forma de poder escapar por el agua.

Entonces cogió a Eros y se sumergió en el río Éufrates, donde los dos se transformaron en peces. Para asegurarse de no perderse bajo el agua, se ataron con una cuerda. Para conmemorar esta salvadora hazaña fueron puestos en el cielo, madre e hijo, atados por una cuerda, formando la Constelación Piscis.

Tan fascinado estaba con aquel relato de la Dama del Desierto que ella misma tuvo que recordarme la necesidad de salir de allí antes de que el Sol asomara por el horizonte. Entonces la temperatura subiría de tal modo que el sofocante calor no me permitiría caminar durante mucho tiempo.

Aquella Dama del Desierto me conminaba a apresurarme, al mismo tiempo que me indicaba la estrella a la que debía seguir en mi camino, cuando unos golpes en la puerta de mi habitación me transportaron súbitamente a la realidad y un rayo de sol, que entraba por la ventana, hirió despiadado mis ojos.

Era mi abuelo que me reclamaba para el desayuno.

Recordé un momento mi sueño y descubrí con asombro que la Dama del Desierto tenía el mismo rostro que Bárbara, una compañera de clase.

ARIES

El Carnero

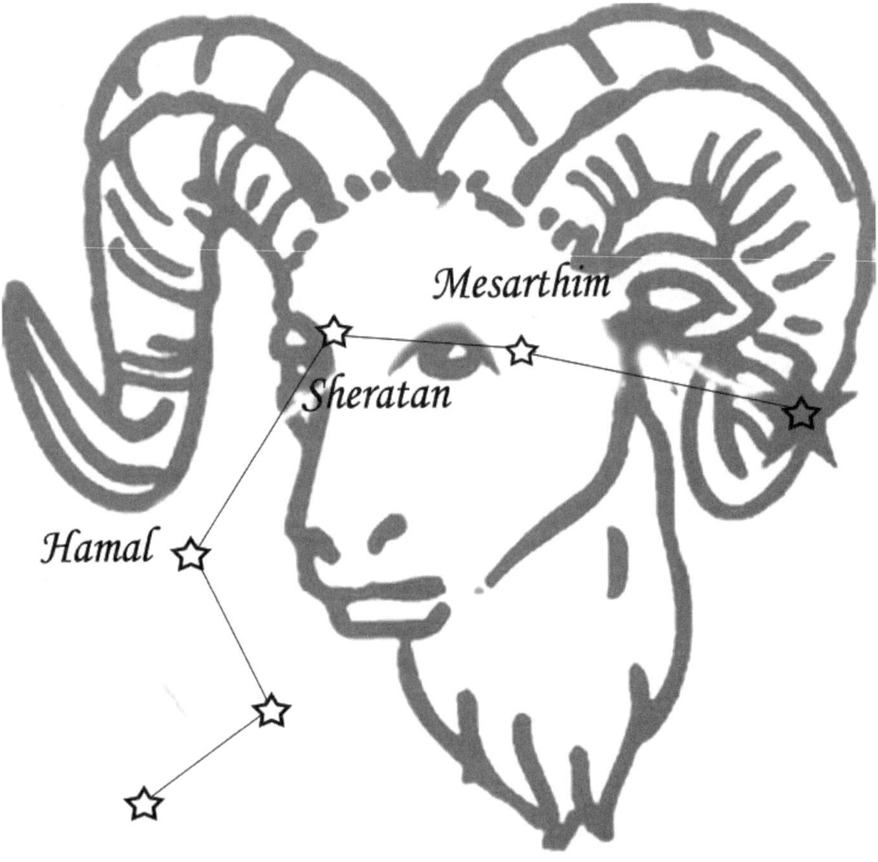

XVII

Aquel día de otoño el sol lucía con cierta tristeza produciendo en los campos tonalidades entre azuladas y amarillentas. En la arboleda, comenzaban a aparecer las ramas desnudas como presagio y anuncio de la llegada del invierno. A pesar del sol, un relente gélido hería las manos y el rostro. Me dirigía desde el hotel al pueblo cercano, cuando, al llegar por las primeras casas, una furgoneta paró a mi altura.

—¿Dónde vas de buena mañana? —me preguntó una voz que me resultaba familiar.

Era Antonio, mi amigo Antonio, <<el de las estrellas>>, que ya había comenzado su jornada laboral.

—Buenos días, Antonio —contesté sin ocultar mi sorpresa y la alegría que me producía aquel encuentro.

—Prepárate para esta noche, porque habrá buen cielo. Hoy observaremos Aries —me dijo, sacando su cabeza por la ventanilla.

—¿Por qué Aries? —pregunté.

—El Sol atraviesa esta región del cielo desde mediados de abril a mediados de mayo, pero la mejor época del año para observarla es el otoño y el invierno —me aclaró mi amigo.

Y comencé a sospechar que no le faltaban ganas de seguir hablando sobre la constelación. Sin embargo, continuó su camino con la urgencia que merecía la reparación que debía realizar.

Proseguí mi camino hacia el pueblo donde ponían el mercadillo de los sábados. Pero, o no había nada que me llamara la atención o es que mi pensamiento ya estaba en Aries, porque no recuerdo haber visto nada curioso, que me llamara la atención, aquel día.

En esta época los días tienden a ser más cortos y las noches más largas. Pues a mí me parecía lo contrario. Aquel día transcurrió pesadamente, las horas parecían arrastrarse perezosas. Se me hizo larguísimo por el deseo de que llegara la noche para poder observar Aries.

Por fin me vi ante el telescopio, junto a Antonio.

—Esta constelación está situada en el hemisferio norte —me explicaba Antonio, mientras preparaba lo necesario para la observación— y, sin embargo, es complicado poder observarla. Para encontrarla en el cielo nos debemos fijar en dos de sus estrellas, Hamal, una amarilla-anaranjada y en Sheratan, una estrella blanca.

Preparado el telescopio, mi amigo comenzó a indicarme:

—Aries está entre Piscis y Tauro. *Alfa* de Aries, Hamal o Hamel, es una estrella binaria de color anaranjado, la más brillante, rodeada de un bonito grupo de estrellas. Su nombre procede del árabe donde significa <<cordero>>. Debido a una confusión este nombre se utiliza también para designar a toda la constelación. *Beta* de Aries, Sheratan, de color blanco. Su nombre también procede del árabe Ash-Sharatan, <<los dos signos>>, haciendo referencia a esta estrella y a su vecina Mesarthim. *Gamma* de Aries, binaria de dos componentes blancas.

También hay una galaxia difusa espiral cercana a *Gamma* de Aries.

Inmediatamente, sin dejarlo terminar, apliqué mis ojos al ocular del telescopio y me dispuse a recorrer la constelación.

Desde el principio presentía que algo extraño encontraría en mi recorrido. Ya me había ocurrido otras veces.

De inmediato me vi arrastrado por un torbellino de polvo estelar, que me transportó a un lugar recóndito del universo. Allí reconocí la estrella Hamal, la más brillante, por lo que deduje que me encontraba en Aries. Huracanes de viento estelar me rodeaban y millones de parpadeos luminosos no me permitían ver con claridad. Una especie de silbidos lejanos rompían el denso silencio sideral, cuando ante mí creí ver un guerrero que protegía su cabeza con una escafandra que sólo dejaba ver sus ojos. Cubría su cuerpo de una especie de metal flexible de color plateado y portaba una extraña espada en su mano derecha que despedía una fluorescencia amarillenta.

—Soy Letón, un argonauta que he tenido que cambiar mi vestimenta para poder permanecer en el espacio. Zeus, el padre de los dioses, me hizo inmortal para seguir guardando aquí, en los cielos, el famoso <<vellocino de oro>>. ¿Y tú, quién eres? ¿Qué haces en este lugar tan apartado?

—Me llamo Marcos y me gusta observar las estrellas, pero nunca se me ocurriría robar ninguna y mucho menos ese <<vellocino de oro>> al que tú te refieres —contesté turbado, dejando claro que no era un ladrón por el que se tuviera que preocupar aquel guardián.

—Que no seas un ladrón me tranquiliza. Y como sospecho que no has oído hablar de los argonautas ni del <<vellocino de oro>>, ya que estás aquí te lo contaré.

—¿Qué tienen que ver los argonautas y el <<vellocino de oro>> con las estrellas? —pregunté intrigado.

Letón soltó una carcajada, que curiosamente resonó por todo el espacio, rompiendo el silencio.

—Los argonautas formábamos la tripulación del navío Argo, <<el rápido>>. A esta nave de cincuenta remos, la más poderosa de la época, la diosa Atenea la concedió el poder de hablar y el don de la profecía. Los argonautas fuimos elegidos por toda Grecia entre los jóvenes guerreros más valerosos. Todos éramos héroes, como Orfeo, el músico, Heracles, Idas, Cástor… y yo, que soy un argonauta desconocido; incluso había hijos de dioses.

Seguía sin comprender la relación de aquello con las estrellas. Hasta que Letón, levantando ostensiblemente los brazos exclamó:

—Esta constelación, Aries, donde nos encontramos, representa el <<vellocino de oro>>, que los argonauta fuimos a buscar, al mando de Jasón, y por el que tuvimos que correr innumerables aventuras y sortear toda clase de peligros.

—¿Y cómo llegó hasta aquí? —pregunté asombrado.

Adiviné en sus ojos, que era lo único del cuerpo que se le veía, un gesto de fastidio por mi ignorancia. Pero, haciendo un ademán de conformidad, comenzó su relato.

—El rey Atalante reinaba en Orcómeno, en Beocia, desposado con Nefele, con la que había tenido dos hijos, Frixo y Hele. Por entonces Ino, hija de Cadmo y Harmonía, comenzó a insinuarse ante Atalante, deseosa de echar a Nefele y de casarse con él. El rey sucumbió ante dichas insinuaciones y cedió a sus deseos, convirtiéndose as, Ino, en su esposa y en madrastra despiadada de sus hijos. Su odio hacia ellos, sobre todo hacia Frixo, le llevó a diseñar un plan mediante el cual convenció a las mujeres del lugar para que tostaran las semillas que tenían preparadas para la sementera. De esta forma aquellas semillas no germinaron y la hambruna recorrió toda la región.

Quedé un poco expectante, porque no podía vislumbrar lo que tenía que ver aquel relato con la constelación que estaba visitando. Sin embargo, Letón hablaba con tal convicción que no dudé de que la relación existiera. Así que apliqué mi atención al relato.

—Atalante, entonces, envió un emisario para consultar al oráculo de Delfos, pero Ino le sobornó para que dijera que debía sacrificar al joven Frixo, si quería que las cosechas volvieran a crecer. Entonces Hermes, el mensajero de los dioses, accediendo a los ruegos de Nefele, madre del joven, intervino enviando un carnero con vellón de oro. El príncipe Frixo y su hermana Hele utilizaron el carnero con vellón de oro, el <<vellocino de oro>>, para escapar hacia oriente de la condena a muerte. Durante aquel vuelo salvador Hele miró hacia abajo, a las aguas, cayendo y muriendo finalmente en el mar, al que, desde entonces, se llamó el mar de Hele o Helesponto. Frixo en cambio llegó sano y salvo a la Cólquide, donde reinaba Eetes, y en agradecimiento sacrificó el animal a Zeus, quien a su vez lo envió al firmamento, formando una constelación, Aries.

La piel dorada del animal la regaló a Eetes, rey de la Cólquide, quien la colgó en un árbol custodiado por un dragón. Este pelaje era el famoso <<vellocino de oro>> que se lanzaron a buscar Jasón y los argonautas, con la ayuda de la diosa Hera, esposa de Zeus y madre, a su vez, de la maquiavélica bruja Medea, que se enamoró perdidamente de Jasón y le ayudó a vencer al dragón. De esta forma los argonautas, al mando de Jasón, se hicieron con <<el vellocino de oro>>.

De pronto, Letón desapareció con la misma rapidez con que había aparecido y quedé de nuevo solo, inmerso en aquellos torbellinos de luces y polvo estelar. Pero lo peor fue que nunca más supe si Letón había concluido su historia.

—Marcos, ya es suficiente. Déjalo ya —me decía mi amigo tras de mí.

Y volví a la realidad un tanto malhumorado.

TAURO
El Toro

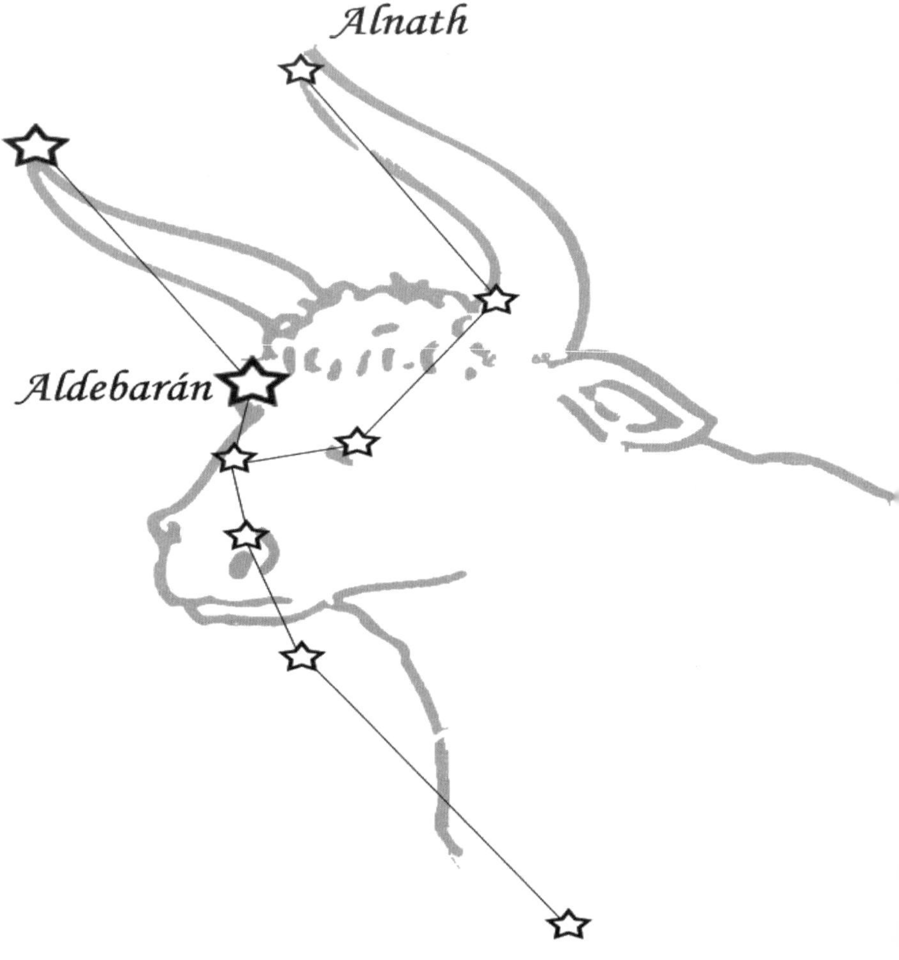

XVIII

La noche, aunque fría, se presentaba prometedora. Un cielo negro y transparente cobijaba las brillantes estrellas. En esta ocasión ya me había informado sobre la constelación que deseaba observar, Tauro. Tauro, situada entre Aries y Géminis, destaca en el cielo invernal. El Sol entra en esta constelación hacia el veintiuno de abril. Pero necesitaba a mi amigo Antonio, porque él sabría decirme las particularidades más curiosas de la misma.

Lo encontré charlando animadamente con otros clientes del hotel.

—¿Qué constelación vamos a recorrer hoy, Marcos? —me preguntó, cuando me acercaba al grupo.

—Esta noche quisiera observar Tauro, porque ya he leído algo sobre ella —contesté un poco cohibido por la presencia de extraños.

—Marcos es ya un experto en observar los astros —dijo, dirigiéndose al grupo.

Y yo, a mi pesar, me ruboricé.

Antonio sonrió y, pasándome un brazo por encima del hombro, juntos nos dirigimos hacia la cúpula que albergaba el telescopio.

—Después, cuando bajemos, os contaré a todo lo que dicen las antiguas leyendas sobre Tauro —comentó alzando la voz para que el grupo lo escuchara.

Esta vez mi amigo ya tenía el telescopio preparado y fui recorriendo con él cada una de las estrellas al mismo tiempo que me explicaba:

—Esta constelación tiene dos cúmulos fácilmente observables las Híades y las Pléyades, éstas últimas nombradas como objeto M45 en el catálogo de Messier. En Tauro se encuentra también la Nebulosa del Cangrejo, objeto M1 en el catálogo de Messier. Esta nebulosa está formada por los restos de una supernova, explosión estelar que produce objetos muy brillantes, visible desde nuestro planeta, incluso durante el día, el cinco de julio de 1050. Desde esta fecha los gases resultantes de la explosión se siguen expandiendo por el espacio, formando dicha nebulosa. En Tauro destacan *Alfa* de Tauro, Aldebarán, nombre que procede del árabe donde significa <<el perseguidor>>, haciendo referencia a que <<persigue>> al cúmulo de las Pléyades en su recorrido. Es una estrella gigante roja-anaranjada, que parece pertenecer al cúmulo de las Híades. *Beta* de Tauro, Elnath, también denominada Al Nath, del árabe donde significa <<el que topa>>, es una gigante blanca-azulada. *Gamma* de Tauro, Hyadum I, cuyo nombre alude al grupo de las Híades, la primera de las Híades, es una gigante de color naranja, miembro del cúmulo de las Híades. *Delta* de Tauro, en realidad son tres estrellas, todas miembros de las Híades. *Épsilon* de Tauro, Ain, también denominada Oculus Borealus, el <<ojo>>, es una gigante amarilla-anaranjada, miembro de las Hiades. *Zeta* de Tauro, situada en el cuerno sur del toro; *Eta* de Tauro, Alcione, la más brillante del cúmulo de las Pléyades de Tauro, que representa a una de las siete hijas de Atlas y Pléyone, de color blanca-azulada.

La sesión duró menos de lo que hubiera deseado, pero mi amigo debía atender al grupo con el que había quedado.

—Hay tres versiones en la leyenda sobre la constelación Tauro, de las cuales dos son las que más me gustan —comenzó diciendo Antonio para atraer la atención de todos—. La del Toro de Creta, que cuenta como un enorme toro blanco, que Poseidón, dios de los mares, hizo salir del mar. El rey Minos prometió sacrificarlo para ofrecérselo a este dios. Pero Minos encontró tan hermoso al animal que lo incorporó a sus rebaños. Aquel salvaje animal sembraba el terror, porque de sus fosas nasales salían enormes llamaradas. Poseidón, enfurecido contra Minos, hizo que su esposa, Pasífae, se enamorara perdidamente del toro, hasta tal punto de concebir con él un hijo, el Minotauro. El Minotauro vivió en un laberinto, que Minos encargó construir a Dédalo, en el interior de su palacio de Cnosos. Entonces Hércules, enviado por Euristeo a realizar el séptimo trabajo, se

presentó ante Minos, quien le dio permiso para capturar al animal. Hércules lo atrapó vivo y atravesó a nado el mar con el animal, entregándoselo al rey Eurísteo. Este a su vez se lo ofreció a Hera, pero lo rechazó dada la ferocidad del animal. Después el toro fue dejado en libertad y regresó a Creta, domado.
El Toro de Creta, al igual que su hijo, el Minotauro, murieron a manos de Teseo, mítico rey de Atenas, quien acabó con él en la llanura de Maratón, cerca de Atenas.
Al parecer la constelación Tauro representa a este toro.

Al principio me sentía un extraño en aquel grupo de personas desconocidas. Además, por qué no confesarlo, tenía la sensación de que me habían robado la exclusividad de mi amigo. Pero recordé lo que tantas veces me había repetido mi abuelo: <<no debes acaparar a Antonio sólo para ti>>. Con este pensamiento, poco a poco, me fui relajando en el instante que mi amigo comenzaba con la segunda leyenda sobre Tauro.

—Otros dicen que la bellísima Europa, hija del rey fenicio Agenor y de la reina Telefasa de Tiro, poseía tal belleza que Zeus, el dios más poderoso, al verla quedó prendado de su hermosura y se enamoró tan perdidamente de ella que se convirtió en un hermoso toro blanco para poder seducirla.
Un día la bella Europa se dirigía hacia la playa de Tiro, acompañada de sus doncellas dispuestas a recoger flores, cuando vieron un hermoso toro de color blanco inmaculado y de cuernos como gemas, que estaba pastando cerca de allí. Europa, atraída por su hermosura,

se acercó y le comenzó a acariciar hasta que terminó montándose en él. Dichosa por haber conseguido amansar al animal, comenzó a tejer guirnaldas de flores alrededor de sus cuernos, cuando, de repente, se vio arrastrada a lomos del toro, que la llevó a través del mar a la isla de Creta. Allí la sedujo en un lugar donde había una fuente y bajo unos plátanos, que por haber sido testigos de aquel acto de amor, no volvieron jamás a perder las hojas. De esta unión nacieron Minos, Radamantis y Sarpedón. Zeus le reveló su verdadera identidad, pero no pudo quedarse con su bella Europa, por lo que la recompensó regalándole a Talos, un autómata hecho de bronce para salvaguardar las costas de Creta del desembarco de piratas; un perro que siempre cogía la presa y una jabalina que siempre daba en la diana. Para completar la recompensa, Zeus consiguió casar a Europa con Asterión, rey de Creta, quien, por no tener hijos, adoptó a los de Zeus. De esta forma Europa llegó a ser reina de Creta.
A su muerte, le fueron concedidos honores divinos, se convirtió en madre de reyes y le dio nombre al continente entero.
Terminada su aventura, Zeus colocó al toro del que se sirvió para seducir a Europa, entre las estrellas, formando la Constelación Tauro.

Mi admiración por Antonio cada vez era mayor. Era la primera vez que le oía hablar en público, a un grupo de personas, y, en mi opinión, lo hacía de maravilla. Aquel poder de persuasión, aquella especie de imán con que atraía a sus interlocutores, funcionaba también con aquel grupo de personas.

—Las Pléyades, las siete hijas del titán Atlas y de la ninfa marina Pléyone, —siguió explicando— nacieron en el monte Cileno, en Arcadia. Fueron ninfas en el cortejo de Artemisa, diosa virgen de la caza, y compartieron con ella su afición a la caza y la voluntad de conservar su virginidad. Éstas, temerosas de la pasión de Orión, el gigante cazador, le rogaron a Zeus que intercediera a su favor y éste accediendo las transformó en estrellas y las puso en sitio seguro, colocándolas en el cielo, como un racimo, en el lomo de Tauro.

Quedé encantado con aquella leyenda, sin embargo, eché en falta algún personaje fantástico que me la contara. Antonio, mi amigo, era demasiado real.

GÉMINIS

Los Gemelos

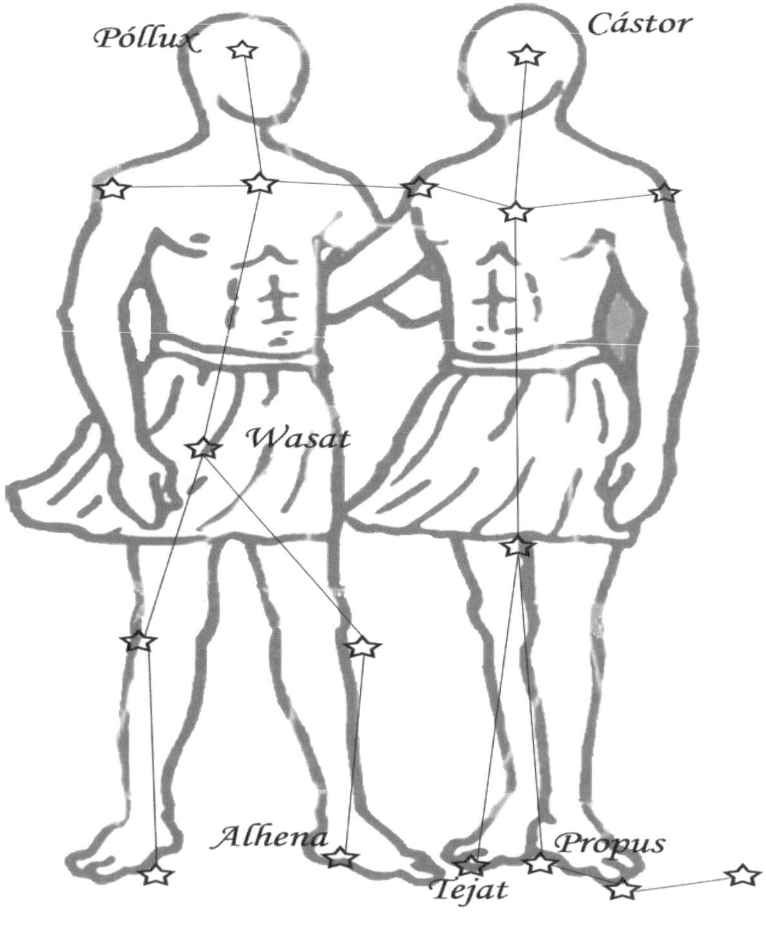

XIX

Piedad, la Chata, me preguntó por Antonio, cuando subía por la calleja camino del hotel.

—Tu eres muy amigo suyo, no. Como te veo mucho con él —me espetó, resuelta, como si me conociera de toda la vida o quizás al ver mi extrañeza por la pregunta.

Pero no debía extrañarme, pensé, todo el pueblo y alrededores conocía mi amistad con Antonio, así como mi afición al telescopio, que compartía con él.

—Andará afanado, viendo las estrellas, y no se acuerda de ir a arreglarme la lavadora —y dando un respingo continuó su camino con actitud airada.

Me quedé inmóvil un momento pensando por qué la llamaban la Chata. Si algo destacaba en su rostro era su nariz, que siempre me había llamado la atención desde que la conocí. Tenía la nariz larga y ganchuda como el pico de una rapaz, pero la apodaban <<la Chata>>.

Cuando Antonio, llegó a hotel dispuesto a iniciar nuestra acostumbrada sesión de telescopio, ya había reparado la lavadora de la Chata y recibió de forma jocosa mi comentario sobre mi encuentro matutino con ella.

—Fina ironía popular —me decía mi amigo, cuando le pregunté—. Lo mismo ocurre con Pilar, la Muda. De muda no tiene nada, todo lo contrario, habla por los codos.

Y mi amigo cambió de conversación. No parecían interesarle en absoluto los comentarios de la Chata ni los míos sobre la misma.

—Vamos a lo que nos interesa, Marcos, —exclamó al mismo tiempo que comenzaba a preparar el telescopio—. Hoy observaremos Géminis, porque en esta época del año, el otoño, es la propicia para ello. Géminis es una constelación situada en una zona del cielo rica en estrellas, porque nuestra galaxia, la Vía Láctea, la atraviesa por su sector oriental.

—El Sol permanece en ella desde finales de junio y la primera quincena de julio —dije con ánimo de demostrar a mi amigo, que ya hablaba como él.

—¡Muy bien, Marcos!, —exclamó— y está situada entre Tauro y Cáncer.

Y comenzó describirme cómo la estrella *Alfa* de Géminis, Cástor, en árabe Al-Ras al-Taum al Muqadim, <<la cabeza del primer gemelo>>, tiene color blanquecino y es la segunda estrella más brillante. En realidad Cástor es un sistema de seis estrellas sólo discernible con un potente telescopio; *Beta* de Géminis,

Pólux, la estrella más luminosa de la constelación, es una gigante de color naranja; *Gamma* de Géminis, la tercera más brillante, es una binaria formada por una gigante blanca, acompañada por una enana amarilla; *Delta* de Géminis, Wasat, del árabe Wasat as- sama, <<en medio del cielo>>, sistema binario de una estrella amarilla y otra naranja, que se puede ver con un pequeño telescopio; *Épsilon* de Géminis, Mebsuta, <<la extendida>>, supergigante amarilla, que se encuentra en la pierna derecha del gemelo Cástor; *Zeta* de Géminis, Mekbuda, del árabe Al-Maqbudah, <<la garra del león>>, perteneciente a una antigua figura árabe que ocupaba este lugar, es una supergigante amarilla; *Eta* de Géminis, Tejat Prior o Propus, <<estrella lluviosa>>, sistema estelar en donde la estrella principal es una gigante de color rojo, cerca de la cual se puede observar el planeta Urano…

Siempre me ocurría lo mismo. Cuando Antonio comenzaba a explicarme las características de las estrellas principales de una constelación, me invadía una espacie de nerviosismo, convertido en premura por comenzar la observación.

—La Constelación Géminis, los Gemelos, —me decía mi amigo— se puede ver en los meses de otoño e invierno, majestuosa en lo alto del cielo, a primeras horas de la noche. Es un hermoso rectángulo ligeramente curvado, en el que vieron varias civilizaciones de la antigüedad dos gemelos abrazados. Géminis estaba representada en el <<Camino de la Luna>> de las tablas mesopotámicas de Mul-Apin, hacia el año mil antes de

Cristo, con el nombre de Mas-tab-ba-gal-gal, <<los Grandes Gemelos>>. Esta constelación fue adoptada por los egipcios con la forma de otro par de gemelos: Shu y Tefnut, <<los gemelos primordiales>>. Pero la leyenda más extendida es la de los gemelos griegos Cástor y Póllux, llamados los Dioscuros. Sin embargo, la leyenda de los Gemelos no debería hablar únicamente de estos dos hermanos. Linceo e Idas fueron dos gemelos que vivieron en la misma época que los Dioscuros. Ambas parejas de gemelos rivalizaron hasta la muerte.

Las últimas palabras de Antonio llegaron a mis oídos como procedentes de un lugar lejano. Apliqué mis ojos al telescopio y pronto me encontré de nuevo inmerso en aquel océano de destellos multicolor que tanto me apasionaba y me hacía soñar. Sin saber cómo, me dirigía hacia un objeto de color azul-verdoso que me atraía como un imán. A medida que me acercaba comencé a distinguir los anillos que lo rodeaban, todos rojos menos uno de color azul. Era la primera vez que observaba un anillo azul en un astro por lo que en seguida deduje que se trataba del planeta Urano. Esto me permitió conocer mi posición en el espacio: me encontraba en las cercanías, si es que en el espacio se puede hablar de cerca y lejos, de la estrella *Eta* de Géminis, Propus, en la constelación de Géminis. Saber mi posición en aquel universo me tranquilizó, aunque no me servía de mucho. Entonces, mis ojos comenzaron a buscar las estrellas más brillantes de la constelación.

—¿Qué buscas por estos lugares? Estás en lo que los terrícolas denomináis constelación de Géminis —exclamó una extraña voz a mis espaldas.

Me volví rápidamente y quedé aterrado. Un inmenso dragón galáctico de ojos de fuego, piel plateada y escamosa me acechaba.

—Soy un simple aficionado a la Astronomía y me gusta observar las estrellas —respondí convulso.

—Entonces conocerás los nombres de las estrellas más brillantes de esta constelación y eso me gusta. Me agrada que los jóvenes sintáis curiosidad por conocer el universo

Por lo visto no le parecía mal mi intrusión en aquella zona.

—Soy el Guardián de las Estrellas y mi arma más poderosa son mis garras retráctiles, capaces de alargarse hasta el infinito de forma que nadie puede escapar a su poder —exclamó como advertencia.

—Yo no pretendo robarte nada —me justifiqué rápidamente.

—Tampoco creo que pudieras, aunque llevarte una estrella a tu pequeño planeta azul te haría el más famoso de los humanos —respondió en tono conciliador.

Me sentía del tamaño de una hormiga a su lado. Olas de frío intenso sucedían a otras de calor sofocante, y multitud de destellos cegadores me rodeaban. Por un momento estuve convencido de que no podría salir de allí jamás.

—No tienes por qué temer nada. Me encanta que un joven intrépido como tú llegue hasta aquí con el afán de conocer el cielo. Por eso te contaré una de las leyendas más antiguas que existen en la Tierra sobre esta constelación.

Aquello me tranquilizó, por lo menos momentáneamente. Así que con el fin de agradar a aquel Guardián de las Estrellas de apariencia tan feroz, me dispuse a escuchar con toda mi atención.

—Cuentan que en épocas muy remotas —comenzó a decirme— Leda, hija del rey Testio de Etolia, se casó con Tindáreo, rey de Laconia en Esparta. Leda tuvo dos hijos, Cástor y Clitemnestra, y, a la vez, tuvo dos hijos de Zeus, Helena y Póllux. La belleza de Helena sería la causante de la Guerra de Troya y Póllux, al ser hijo de Zeus, fue el gemelo inmortal de Cástor. Tindáreo recuperó el trono de Esparta y adoptó a Póllux como hijo suyo. De esta forma, Cástor y Pollux fueron dos gemelos nacidos de Leda, pero de padres diferentes. Uno era mortal y otro inmortal por ser hijo de Zeus. Compartieron todo menos la muerte.
Cástor y Póllux fueron llamados los Dioscuros y nunca se separaron en sus aventuras, llegando a ser el orgullo de Esparta.
Cástor fue famoso como soldado y domador de caballos. Pollux fue el mejor boxeador de su tiempo y ambos ganaron premios en los Juegos Olímpicos.
Mientras esto ocurría, el hermanastro del nuevo rey de Esparta, Alfareo, que era rey de Mesina, se casó con Arene, de la que tuvo dos mellizos, Idas y Linceo. Idas era hijo de Poseidón. La rivalidad entre las dos parejas de gemelos comenzó en el momento que Cástor y Póllux

raptaron a Febe e Hilaria, que estaban comprometidas con Idas y Linceo.
Tanto Idas y Linceo como Cástor y Póllux acompañaron a Jasón en el Argo en la búsqueda del <<vellocino de oro>>.

Otra vez aparece el <<vellocino de oro>>, pensé, pero no me atreví a pronunciar palabra por miedo a la furia del Guardián de las Estrellas.

—Pasado un tiempo —siguió sin percibir mi titubeo al querer preguntar— decidieron zanjar sus rivalidades y unieron sus fuerzas para perpetrar un gran robo de ganado en Arcadia. Idas fue elegido al azar para repartir el botín. Éste descuartizó una vaca en cuatro partes y dijo que la mitad del botín sería para el primero que comiera su parte y el resto para el que quedara en segundo lugar. Sin dar casi tiempo a los otros a empezar, Idas engulló su parte y luego ayudó a Linceo a engullir la suya. De esta forma ambos se llevaron el ganado a Mesina.
Los Dioscuros se quedaron en el lugar hasta que Póllux, el más lento, acabó de comer su parte, pero luego marcharon hasta Mesina y protestaron ante los ciudadanos diciendo que Idas y Linceo habían hecho trampa.
Como sus rivales estaban ausentes se hicieron con el ganado y se escondieron en el tronco de un roble hueco, esperando el retorno de sus oponentes. Pero Linceo los había visto desde la cima de una montaña cercana, e Idas, bajando a toda velocidad por la ladera del monte arrojó su lanza contra el árbol y traspasó a Cástor. Cuando Póllux, presuroso, fue a vengar a su hermano, Idas le lanzó una

piedra. Aunque herido de gravedad, Póllux consiguió dar muerte a Linceo con su lanza y en ese momento Zeus intervino a favor de su hijo matando a Idas con su rayo. Así el único superviviente fue Póllux, quien, apenado por la pérdida de su hermano, suplicó a Zeus: ¡Padre, no permitas que sobreviva a mi querido hermano! De esta forma Póllux renunció a la inmortalidad, a menos que la pudiera compartir con Cástor, su hermano. Desde este momento, durante la primera mitad del año, ambos descenderían al Hades, entre los muertos, y durante la segunda regresarían a la vida en los cielos, donde los antiguos griegos los quisieron ver formando la constelación de Géminis, los Gemelos.

Quedé impresionado con aquella hermosa leyenda. Y me disponía a preguntar cuando…

—Todavía no he terminado, niño —exclamó aquel dragón un poco malhumorado.

—No me llamo niño, me llamo Marcos —protesté, olvidando por un momento el miedo que me infundía aquella bestia estelar.

—Los Dioscuros presidieron los Juegos Espartanos, y por ser creadores de la música y las danzas guerreras, son los patrones de los festivales, destinados a cantar las antiguas batallas.

Hay una tradición griega que cuenta como Cástor y Póllux decidieron ir al mar para atacar a los piratas que habían saqueado a los honrados pescadores. Tuvieron tanto éxito en su guerra contra los piratas que se convirtieron en héroes para la gente del mar, quienes les honraron tallando sus imágenes en la proa de sus barcos. Los pescadores saben que durante las tormentas pueden aparecer luminiscencias en los mástiles. Cuando dos de estas irradiaciones luminosas aparecían, se cumplía la profecía de que Cástor y Póllux protegían el barco y tanto el barco como la tripulación saldrían indemnes de la tormenta. Esta luz, que en ocasiones aparecía sobre los mástiles, se llama <<fuego de San Telmo>>.

En Agrigento, Sicilia, hoy se encuentran los restos de un antiguo templo dedicado a Cástor y Póllux.

—¿Te piensas pasar así toda la noche? —era la voz de mi abuelo.

Había perdido la noción del tiempo, cuando volví a la realidad. Y dejé allá, en el espacio estelar, a aquel dragón, Guardián de las Estrellas, sin ni siquiera despedirme de él.

CÁNCER
El Cangrejo

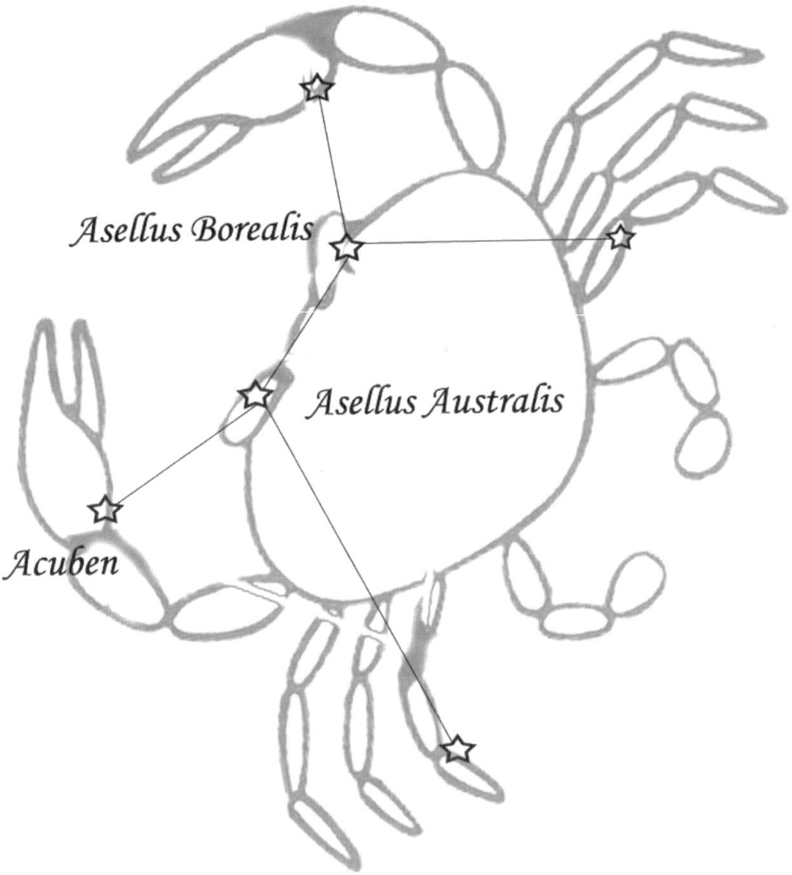

XX

Era una fría noche de últimos de enero. Aquella noche de sábado hasta las estrellas parecían palidecer con el frío.

—Hoy observaremos Cáncer, el Cangrejo —me dijo Antonio, mientras le castañeteaban los dientes por la fiebre.

Una especie de angustia me invadió al ver a mi amigo en aquel estado. Nunca le había visto así.

—No te preocupes Marcos, es una simple gripe. Me habré enfriado —me dijo, como quitándolo importancia, al ver mi semblante.

Yo deseaba contribuir a que no se esforzara aquella noche, dado su estado. Estaba seguro de que tenía fiebre y yo conocía la sensación de malestar general y las convulsiones producidas por los escalofríos. No permití que siguiera hablando. Comencé explicando que Cáncer es una constelación pequeña y débil. No tiene estrellas brillantes. Da su nombre al Trópico de Cáncer. Es conocida como el Pesebre, porque en ella se encuentra el cúmulo abierto que contiene la estrella *Épsilon* de Cáncer, que puede observarse con prismáticos. Se puede ver en el hemisferio norte a finales de enero y principios de febrero y es difícil de observar por su debilidad luminosa. Era todo lo que había podido leer sobre ella la semana anterior.

—Está bien, Marcos. Te contaré algunas peculiaridades de sus estrellas y después puedes seguir tú solo, cuando te la haya enfocado.

Sus ojos azules parecían menos luminosos que de costumbre a pesar de que le brillaban por efecto de la fiebre. Verle así me producía tal congoja que deseé tener yo la gripe en su lugar. Mi amigo pareció adivinar mis pensamientos porque…

—Mejor que sea yo quien esté así, porque si fueras tú, te estropearía el fin de semana.

Y, sin dejarme responder, comenzó a enumerar las características de la estrella, *Alfa* de Cáncer, denominada Acubens, del árabe Az-Zubana, <<pinza>>/<<tenaza>>, también llamada Sertán o Sartais, sistema estelar de color amarillo, casi blanco, la cuarta en luminosidad a pesar de tener la denominación de Bayer, *Alfa; Beta* de Cáncer, denominada Altarf, que en árabe significa <<la punta>>, la más brillante de la constelación, de color anaranjado y situada en una de las patas del cangrejo, formando un sistema binario con una enana, visible sólo con grandes telescopios; *Gamma* de Cáncer, llamada también Asellus Boreales o <<asno del norte>>, de color blanco; *Delta* de

Cáncer, llamada también Asellus Australis o <<asno del sur>>, de color amarillo, situada en el centro de la constelación; *Zeta* de Cáncer, Tegmine, compuesta por dos estrellas binarias, o sea, que al menos contiene cuatro estrellas.

Esta constelación tiene uno de los cúmulos abiertos más bonitos del cielo, el catalogado por Messier como M44 y más conocido como el Pesebre o la Colmena. Se puede observar a simple vista y está formado por unas trecientas estrellas, la mayoría amarillas y anaranjadas.

Al llegar a este punto, mi amigo no podía más. El castañeteo intermitente de sus dientes por efecto de los escalofríos de la fiebre a duras penas le permitían hablar con soltura.

Se excusó y yo quedé solo, ante el telescopio ya preparado para la observación. Era la primera vez que me faltaba mi guía a través de las estrellas. Sentí una mezcla de desamparo y libertad en mi afán de aventura. No estaba seguro de poder recorrer aquella constelación sin la ayuda de mi amigo. Aunque lo había hecho solo otras veces, la presencia de Antonio, mi amigo Antonio, me proporcionaba la seguridad necesaria. Confiaba en que, ante algún posible contratiempo, él sería capaz de resolverlo. Pero esta noche yo conducía la nave y sentí el peso de la responsabilidad.

Apliqué mis ojos al ocular del telescopio y tímidamente, todavía con el recuerdo de lo mal que lo estaría pasando mi amigo, comencé mi viaje astral.

Volaba a bordo de no sé que clase de vehículo espacial, orgulloso de pilotar aquella nave, cuando, al divisar Cáncer, un enorme cangrejo me impedía la entrada a aquella zona del universo. Me restregué los ojos con las manos, incrédulo de lo que estaba viendo. Pero a medida que me acercaba el cangrejo resultaba más evidente y aumentaba considerablemente de tamaño, ya le percibía como un gigante.

Me sentía desamparado sin la compañía de Antonio y a pesar de ir protegido dentro de mi vehículo espacial, cuando un escalofrío paralizó mi cuerpo. Como si estuviera petrificado, no sentía nada, ni siquiera el terror que supuestamente debía infundirme la visión de aquella criatura fantasmal. Los miles de destellos y parpadeos, que en otras ocasiones me habían fascinado por su belleza, hoy se me antojaban terroríficos, fantasmales. Volando por aquel inmenso cielo multicolor, un miedo vertiginoso se apoderó de mí, hasta el punto de que creí perder la consciencia.

—No temas, ni tengas miedo por mi aspecto. Acércate —escuché decir a una voz que parecía proceder de lo más profundo del firmamento.

—Yo busco la constelación llamada Cáncer —respondí, sin estar seguro de que era aquel cangrejo gigantesco quien me hablaba.

—Yo soy la mismísima constelación que buscas y, aunque me ves tan enorme, sólo ocupo una pequeñísima parte del universo. Ni siquiera soy muy brillante, por culpa de las estrellas de que estoy formado.

Ya no había duda, era aquel descomunal cangrejo quien me hablaba.

—Yo sólo deseo observar tus estrellas —apunté tímidamente.

Aquel inmenso animal pareció enfadarse con mi propuesta Se removió de forma amenazante, agitando sus enormes, numerosas y terroríficas patas articuladas, y me espetó:

—¿Por qué los humanos os empeñáis en ver en mí un animal temido y amenazante? Has de saber que soy una criatura de los dioses.

—¿Un animal de los dioses? —pregunté.

—Si. Yo ayudé a la diosa Hera, esposa de Zeus, el dios más poderoso de la antigüedad —me respondió con firmeza.

—Mira, muchacho —continuó sin dejarme intervenir— Hera , esposa de Zeus, fue traicionada por su esposo, que había tenido un hijo, Hércules, con la bella Alcmena, esposa de Anfitrión de Tebas. La ofensa fue doble, por una parte el engaño y por otra el hecho de haber tenido un hijo con una mortal, cuando ella era una diosa. Entonces, decidió vengarse de aquel niño. Para ello infringió varios castigos al joven héroe, entre ellos el de la locura temporal, que dio lugar a que Hércules fuera capaz de matar a su propia esposa e hijos. Como penitencia se entregó como esclavo a su primo, el rey griego Euristeo, quien le impuso doce trabajos. Después de realizarlos, sin fallar ninguno, le dejó en libertad.

Inmerso en aquel relato me sentía sosegado y hasta contento de haber tropezado con aquella, en principio, terrible bestia.

—Fue en el segundo trabajo —continuó diciendo aquel cangrejo—, cuando yo intervine. Hércules, dotado desde niño de una gran fuerza, tenía que matar a la Hidra de Lerna, un espantoso monstruo de los pantanos de cuerpo enorme y con ocho o nueve cabezas de serpiente, cuyo aliento era venenoso Si se le cortaba la cabeza del centro, inmediatamente volvía a crecer de doble tamaño.

Hera, contemplando el encuentro de Hércules con la Hidra, decidió intervenir a favor del monstruo y me envió a mí, un cangrejo gigante, para que distrajera al héroe. Al atacarle con mis tenazas, serví de ayuda a la Hidra y me hice merecedor de ser una criatura de los dioses. Hera me recompensó por mi acción, a pesar de que resultara infructuoso, dándome un lugar entre las estrellas, cerca de la víctima de otro de los trabajos de Hércules, Leo, el León.

La acción de aquel cangrejo no me pareció tan importante como para recibir tan preciado premio. En realidad fue por tratar de hacer un favor a Hera y además resultó inútil, porque al final Hércules cumplió su cometido, matar a la Hidra de Lerna.

—Los griegos —prosiguió, haciendo caso omiso de mi silencio— veían en esta constelación dos asnos, representados en particular por las estrellas *Gamm*a de Cáncer, Asellus Boreales o <<asno del norte>> y *Delta* de Cáncer, Asellus Australis o <<asno del sur>>, honrando así a los animales que ayudaron a Júpiter en su lucha contra los gigantes. A su presencia se debe la denominación de <<pesebre>>, que se da al más grande cúmulo estelar, el llamado actualmente Cúmulo de Schiller.

Una revolera de polvo estelar me rodeó. La multitud de luces, hasta ese momento, cegadoras por su intensidad, palidecieron envueltas en una espesa niebla y aquel cangrejo, que se me antojaba un poco altanero, se difuminó totalmente. Entonces me hallé sumergido en una intensa negrura y…

Cuando desperté, sobresaltado, me encontré reclinado sobre el telescopio, sin saber muy bien donde estaba. El frío entumecía mis músculos a causa del relente, que entraba por la cúpula abierta, a pesar de estar convenientemente abrigado. Me había quedado dormido. Pasados unos instantes de desconcierto, al despertar, reconocí dónde estaba y lo que hacía allí. Cerré la cúpula, recogí atropelladamente lo imprescindible y me fui a la cama, pensando en cómo estaría mi amigo.

LEO

El León

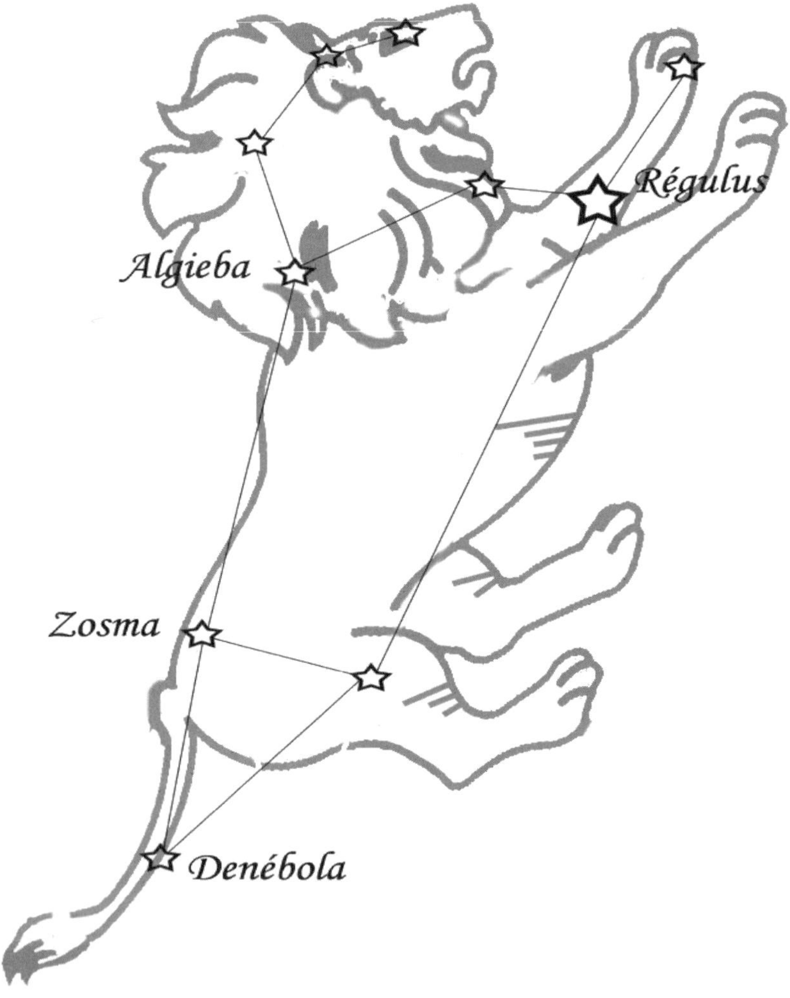

XXI

Amaneció una mañana soleada de abril. Aquel sábado el Sol lucía esplendoroso, sin embargo, a más de mil quinientos metros de altitud, la fina brisa entumecía el rostro, sobre todo en los lugares sombríos. Las hojas cubiertas todavía de rocío eran una sinfonía multicolor. Las posadas sobre el haz de las hojas semejaban pequeñas perlas plateadas con distintas tonalidades y las que colgaban, próximas a precipitarse en el suelo, producían cientos de irisaciones al atravesarlas, como espadas doradas, los rayos solares.

No recuerdo cuanto tiempo estuve andando campo a través por aquella alfombra verde cuajada de rocío. Lo que sí recuerdo con toda nitidez es que, cuando reparé en ello, llevaba empapados de agua los zapatos y los pantalones hasta casi las rodillas.

—Marcos, ¿has visto como vas?, mi niño —oí exclamar a mis espaldas.

Era mi amigo Venancio, el Filósofo, acompañado de otros dos lugareños, que iban, según me dijeron, a ver unos prados.

—Para andar por aquí hay que llevar calzado adecuado —exclamó uno de ellos con expresión zumbona.

Instintivamente miré mis zapatos, aunque ya había comprobado el estado lamentable de mi calzado y mi pantalón.

—Eso es que miras mucho al cielo, pero de vez en cuando hay que mirar al suelo —apuntó el otro con cierta ironía.

Los tres soltaron una carcajada, al mismo tiempo que yo sonreía azorado, sin comprender muy bien el motivo de la postura irónica de aquellas personas.

—No hagas caso, Marcos, ellos saben que, además de aficionado a observar el cielo, eres un buen montañero. Lo que les pasa —explicó Venancio— es que sienten envidia, porque su edad ya no los permite subir a la sierra y no saben utilizar el telescopio.

Sin embargo, en innumerables ocasiones había oído contar que los pastores, acostumbrados a pasar muchas noches en el campo, conocían las estrellas como nadie. Incluso podían predecir el tiempo observando ciertas señales que sólo ellos reconocían.

—Vosotros conocéis el cielo mejor que yo —repliqué.

Los tres recibieron mi aclaración de buen grado, tanto que cambiaron inmediatamente de actitud o quizás es que su ironía no era realmente más que una forma de bromear conmigo.

—En esta época del año se ve muy bien el León —dijo Venancio.

Me aferré a la frase de mi amigo, el Filósofo, para explicar que la Constelación Leo, el León, se encuentra entre las de Cáncer y Virgo y contiene muchas estrellas brillantes, por eso es fácil identificarla en el cielo a simple vista. El Sol la atraviesa entre el diez de agosto y el dieciséis de septiembre. Es visible desde los meses de diciembre hasta mayo en el hemisferio norte. La cabeza de Leo la componen seis estrellas, cuyo punto más brillante es la estrella llamada Regulo.

—Debes ir a cambiarte. Tienes los pies calados —cortó Venancio.

Los acompañantes asintieron con la cabeza.

Aquel día pasé la tarde tratando de contentar a mi abuela para compensarla de su enfado monumental al verme en aquel estado.

Por fin apareció Antonio. Nunca había tardado tanto, o a mí me lo pareció. Sin dilación alguna le relaté mi encuentro con Venancio y sus acompañantes, pasando por alto el motivo del enfado de mi abuela.

—Pues ya que ha surgido —respondió mi amigo sin dar importancia a lo que le había relatado— hoy observaremos Leo.

Y como de costumbre, comenzó a explicarme que *Alfa* de Leo, denominada Régulus, del latín donde significa <<pequeño rey>>; o Qalb Al Asad, del árabe <<corazón del león>>, es una de las cuatro <<estrellas reales>> mesopotámicas, junto con Aldebarán, *Alfa* de Tauro;

Antares, *Alfa* de Escorpio y Fomalhaut, *Alfa* de Piscis Austral. Tiene color blanco-azulado, es una estrella múltiple y la más brillante de la constelación, situada en la parte delantera del león. *Beta* de Leo, denominada Denébola, <<cola de león>>, situada en el sector occidental de la constelación, es una estrella blanca, la segunda más brillante. *Gamma* de Leo, denominada Algieba, es una estrella doble formada por la principal de color anaranjado y la secundaria amarilla. Es la tercera más brillante. *Delta* de Leo, situada encima de la cola del león, denominada Zosma o Zubra, de color blanco. *Épsilon* de Leo, Ras Elased Australis, gigante amarilla.

Leo contiene gran cantidad de galaxias, en realidad son parte del cúmulo de galaxias de Virgo, visibles sólo con telescopio.

Las Leónidas es una lluvia de meteoritos procedentes de la desintegración del cometa Tempel-Tuttle, descubierto hace muchos años. El trece de noviembre de 1833 se dio la lluvia de estrellas jamás conocida. El cielo nocturno pareció incendiarse bajo el bombardeo de partículas cósmicas durante varias horas. En noviembre de 1966 el espectáculo de las Leónidas volvió a repetirse.

Cuando Antonio terminó la explicación ya teníamos preparado el telescopio. Apliqué mis ojos y observé con espanto que en lugar de estrellas lo que apareció fue una fantasmal y enorme serpiente cuyos ojos fulguraban en medio del espacio y su cuerpo ondulante se alargaba sin fin entre una mezcla de colores infernal. Aquel monstruo de ojos saltones sacaba intermitentemente su larga y delgada lengua bífida como tratando de intimidarme.

—Soy el Guardián del Universo. Nadie puede entrar aquí sin mi permiso. ¿No serás un ladrón de estrellas?

No sabía qué responder. Nunca se me habría ocurrido ni hubiera podido robar una estrella. ¡Es imposible! Ya había conocido al Guardián de las Estrellas y ahora aparecía el Guardián del Universo. ¿Cuál de los dos sería más importante o más poderoso? Deduje que éste, el Guardián del Universo, porque no sólo guardaba las estrellas sino también cualquier objeto, polvo estelar, meteoritos, planetas, satélites, etc., que se encontrara en el espacio.

—Déjame pasar, yo sólo deseo observar la Constelación Leo —aclaré aturdido.

—¡Ah, bueno! Eso es otra cosa. Aunque creo que eres un joven muy atrevido por acercarte hasta aquí.

Por un momento creí que me iba a echar de aquel lugar por mi atrevimiento. Sin embargo, su actitud me pareció conciliadora, hasta tal punto que le escuché decir:

—Puedes mirar las estrellas de la constelación y, mientras lo haces, te contaré lo que se decía en tiempos remotos sobre ellas.

Sin apenas moverse de donde había aparecido, aquel monstruoso ofidio onduló perezosamente su infinito cuerpo y comencé a ver el brillo intenso de la que me pareció la estrella denominada Régulo, la más brillante. Y al instante estaba en Leo, acompañado de aquel gigante alargado, que parecía envolverlo todo.

—Escucha pequeño intrépido —me dijo con una voz que no me explicaba de dónde salía— existió un león en Nemea, llamado el León de Nemea, hijo de Tifón y Equicna. Tifón era un terrible monstruo representado en forma de huracán destructor y espeluznante monstruo alado con centenares de serpientes repartidas por sus muslos, que echaba fuego por los ojos.

—Ya, ya he oído hablar de ese monstruo —interrumpí.

Pero el Guardián del Universo no pareció darse por enterado y prosiguió.

—Equicna era una ninfa monstruosa, cuyo nombre significa <<víbora>>, que tenía el rostro de una hermosa mujer de temibles e intrigantes ojos oscuros con cuerpo de serpiente. El León de Nemea asolaba la comarca devorando a las personas, el ganado y destruyendo las cosechas. Era una fiera invulnerable que tenía aterrorizada a toda la gente.

Hércules, hijo de Zeus y Alcmena, llegó a Nemea, enviado por Euristeo, pero se encontró una región despoblada por temor a un león. Se alojó en la casa de Molarco, un pastor a cuyo hijo había matado aquel león. Molarco iba a sacrificar un carnero para pedir ayuda a Hera, pero Hércules se lo impidió diciendo: <<Espera treinta días. Si vuelvo, sacrifícalo a Zeus, salvador; si no, sacrifícamelo a mí como héroe>>. Hera, esposa de Zeus, odiaba a Hércules por ser hijo de su marido con una mortal.

—Ya..., ya sé que así fue —volví a interrumpir.

—Hércules —siguió diciendo con gesto malhumorado por mi segunda interrupción— fue al monte Treto y vio al león cuando regresaba a su guarida con las fauces ensangrentadas de la matanza de la jornada. Primero le lanzó una andanada de flechas, pero rebotaron; el león se lamió las quijadas y bostezó como si nada hubiera pasado. Luego utilizó la espada, pero se dobló como si fuera de plomo y el león retrocedió hasta el interior de la cueva, donde moraba. Cuando Hércules comprobó que eran inútiles todas las armas, cubrió con una red una de las entradas a la cueva y entró por la otra dispuesto a luchar cuerpo a cuerpo. El león le arrancó un dedo de un mordisco, pero Hércules, cogiéndole por la cabeza le estranguló. Se lo echó al hombro y volvió a casa de Molarco. Ofrecieron el carnero a Zeus. Después regresó a la Argólida donde reinaba Euristeo, quien le había enviado para realizar esta tarea. Éste, aterrado, le prohibió entrar con el león en la ciudad y Hércules no supo qué hacer con aquella bestia hasta que, por inspiración divina, se le ocurrió emplear las garras del animal para desollarlo; después se puso la piel invulnerable como armadura y la cabeza como yelmo.
Zeus colocó a aquel león en el cielo, entre las constelaciones, para honrar para siempre a su hijo, Hércules, por su hazaña.

La voz de mi abuela me libró de la monstruosa visión de aquella serpiente. Todavía le duraba el enfado y no estaba dispuesta a permitir que me pasara toda la noche <<atado al telescopio>>, como ella decía.

VIRGO

La Virgen

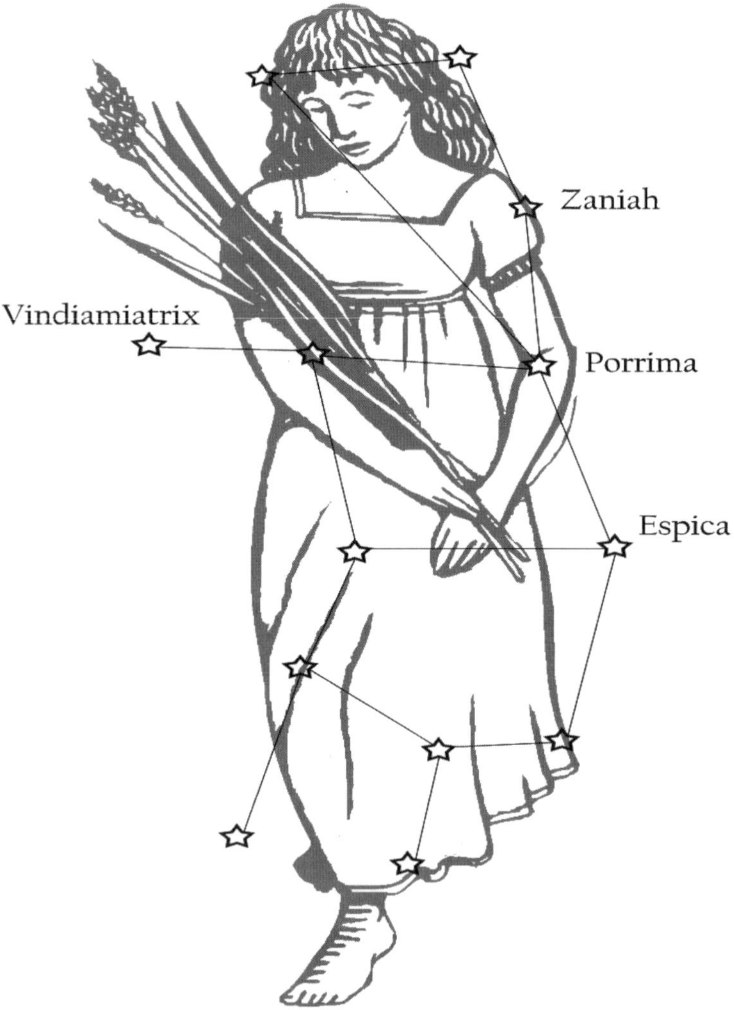

XXII

Una joven bellísima y alada, rodeada de un áurea, que producía destellos, había aparecido ante mí.

—Me llamo Astrea, <<la estrellada>> o <<relámpago>>, y soy la diosa virgen que llevaba en mis brazos los rayos de mi padre, Zeus. Soy una titánide, porque mi padre era un titán y mi madre, Temis, era de la misma familia. Mi madre y yo personificábamos la Justicia.

Aquella diosa dorada parecía ondular ante mí como un ser fantasmal.

—Que mi presencia no te turbe. Por el contrario, eres un mortal afortunado. Durante muchos siglos no ha merecido verme nadie, sólo me han visto y me ven en el cielo, en forma de constelación. Fui la última inmortal que vivió entre los humanos durante la *era dorada* de Chronos, abandonando la tierra en último lugar, cuando ésta se envileció en la Edad de Bronce. Zeus, mi padre, me subió al cielo, situándome entre las estrellas como la Constelación Virgo y la balanza de la justicia, que llevaba en las manos, con el tiempo se convirtió en la Constelación Libra.

En seguida pensé que, si Zeus, el dios más poderoso del Olimpo, era su padre, cómo no le iba a poner en lugar privilegiado. Pero, como si pudiera adivinar mis pensamientos, se precipitó a decirme:

—Mira, jovencito, mi padre era un dios justo. Durante la guerra de los Titanes fui su aliada del mismo modo que también lo fue Niké, la Victoria. Fui la protectora de sus terribles rayos y en premio a mi lealtad me permitió conservar mi virginidad. Fui la única virgen entre las titánides y como premio me dio un lugar en el cielo, entre las estrellas, formando la Constelación Virgo, la diosa Virgen.

—¿Qué haces aquí solo y casi a obscuras? —me dijo una voz, que reconocí de inmediato. Era Antonio, mi amigo, al que no había ni visto ni oído llegar.

—Recordando la leyenda de la Constelación Virgo —respondí con toda naturalidad, pero ocultándole por pudor mi visión de la diosa Virgen.

Antonio no necesitaba saber más. De inmediato comenzó a contarme que esta constelación es una de las más grandes visibles en el cielo. El Sol cruza por ella del dieciséis de septiembre al treinta y uno de octubre y se puede observar en el cielo de febrero a agosto. La podemos localizar entre Leo y Libra.

—Esto ya lo sé. No soy un principiante —protesté— cuéntame curiosidades de las estrellas que la forman.

Mi amigo esbozó una sonrisa maliciosa.

—*Alfa* de Virgo, —continuó diciéndome con actitud resignada ante mi impertinencia— llamada Spica o Espiga, de color azul, es una binaria, la más brillante, situada en el centro de la constelación. Para los romanos esta estrella simbolizaba a Ceres, diosa de la agricultura. Esta estrella también recibe el nombre Azimech, del árabe Al Simak al Azal, <<la indefensa>>, en alusión a su separación respecto a las estrellas cercanas. *Beta* de Virgo, denominada Zavijava o Zavijah, del árabe Zawiyah al-Awiwa, <<la esquina>>. También es conocida por Al Bard, <<la fría>>. Es una enana amarilla, situada al este de la constelación. Fue la estrella utilizada por Albert Einstein durante el eclipse solar, ocurrido el veintiuno de septiembre de 1922, para determinar la velocidad de la luz en el espacio. *Gamma* de Virgo, denominada Porrima. Es una estrella binaria de color blanco, situada en el centro de la constelación. *Delta* de Virgo, Minelava o Auva, es una gigante roja. Es la cuarta más brillante. *Épsilon* de Virgo, Vindemiatrix o Almuredin, <<la vendimiadora>>. Su salida a primera hora del amanecer de finales de agosto marcaba el momento de comenzar la vendimia. Es una gigante amarilla. Forma parte del grupo de las Híades, asociado con el cúmulo del mismo nombre, en Tauro. *Zeta* de Virgo, Heze, estrella blanca. *Eta* de Virgo, Zaniah, es un sistema estelar triple.

Existen más de trece mil galaxias esparcidas por Virgo. El Cúmulo de Virgo está formado por más de dos mil galaxias. Un objeto curioso es la Cabellera de Berenice.

Antonio siempre me tenía reservada alguna sorpresa. Y debo confesar que yo siempre me mantenía expectante esperándola.

—Hoy seré yo quien te cuente la leyenda de la Cabellera de Berenice —exclamó de una forma que me sonó a reproche, porque él conocía mis encuentros en el espacio con aquellas criaturas fantasmales.

Sabedor de lo que más me gustaba, estaba dispuesto a complacerme, por lo que yo me sentí encantado.

—Berenice —comenzó a relatar— era esposa del rey egipcio Ptolomeo III Evergetes, el Bienhechor. Cuando este rey subió al trono, lo primero que hizo fue declarar la guerra a Siria, donde reinaba Seleuco II, para vengar la muerte de su hermana y de su sobrino, heredero legítimo del trono. La contienda fue larga y por esto, Berenice, su esposa, se desesperaba y languidecía alternativamente en la espera. Entonces, fue al templo de Afrodita y prometió a la diosa que, si su esposo volvía indemne y victorioso, se cortaría su hermosa cabellera, que era la admiración de todo el mundo. Evergetes regresó vivo y victorioso, y ese mismo día Berenice se cortó la cabellera y la depositó en el templo de Afrodita. Pero por la noche alguien robó la cabellera del templo. Se rumoreó que el robo lo había perpetrado un sacerdote del templo de Serapis, dios egipcio, indignado porque la reina había ofrecido tan preciado sacrificio a una diosa griega. Aquel robo llevó a

Berenice a la desesperación y Ptolomeo, su esposo, se enfureció tanto que estaba dispuesto a cometer cualquier locura. Para calmar los ánimos se presentó ante ellos el astrónomo Conón de Samos, cuya ciencia era muy venerada y gozaba de un gran prestigio, porque había escrito siete libros de astronomía y todo el mundo conocía su amistad con el famoso Arquímedes de Siracusa. Conón mostró a los reyes una agrupación de estrellas y afirmó que acababan de aparecer en el firmamento. Sin duda se trataba de la desaparecida cabellera de Berenice, que había sido transportada allí por la diosa Afrodita.
Y el sabio Conón dibujó una larga melena de estrellas en el globo celeste que se encontraba en el Museo de Alejandría.

Esta vez quedé convencido de que mi amigo Antonio, <<el de las estrellas>>, era un hombre fantástico, admirable y comparable a aquellos seres creados por mi imaginación. Aún mejor, porque él abría puertas y alimentaba aquella fantasía juvenil que siempre me acompañaba.

Aquella noche, por primera vez, no sentí la necesidad de utilizar el telescopio. Y comencé a sospechar que aquel instrumento no era más que un medio para poder soñar.

LIBRA

La balanza

XXIII

<<Libra —explicaba Antonio— está situada entre Virgo, al oeste y Escorpio, al este. En un principio debió de formar parte de las pinzas del escorpión, no existió como tal constelación. Es la más joven del zodiaco, la única que no representa un ser vivo y el único signo zodiacal que hace alusión al equilibrio, la justicia y la armonía.

Pasa tan desapercibida que para localizarla en el cielo conviene partir de las estrellas *Alfa* de Virgo y Escorpio. En el siglo III a. C. ya se la nombraba como Balanza, sin embargo, durante mucho tiempo después se siguió haciendo referencia a las pinzas de Escorpio cuando se hablaba de ella. Esta relación de Libra con Escorpio la ratifican los nombres de sus estrellas principales: *Alfa* de Libra, Zuben-el-Genubi, <<pinza Austral>> o también Kiffa Australis, <<plato Austral>>; *Beta* de Libra, “Zubeneschamali”, <<pinza Boreal>> o Kiffa Borealis, <<plato Boreal>>.

Fue al efectuar la división de la eclíptica celeste en doce signos astrológicos, cuando se necesitó adecuar a este número las constelaciones y así tuvo lugar al nacimiento de Libra.
La balanza también simboliza la idéntica duración del día y la noche en los equinoccios. Hace dos mil años el paso del Sol por Libra marcaba el equinoccio de septiembre. El Sol la recorre entre finales de octubre y finales de noviembre.
Esta constelación es visible en el cielo de enero a agosto, aunque la mejor época para observarla es a principios de mayo>>.

Había entrado en el salón silenciosamente, cuando Antonio, mi amigo, comenzaba su sesión informativa a un grupito de no más de diez personas, que observarían con el telescopio la constelación Libra. Me agazapé en un sillón sin que nadie notara mi presencia y me dispuse a escuchar.
<<Lo más destacado de esta constelación son sus estrellas *Alfa* de Libra, denominada Zuben-el-Genubi o Zubenelgenubi, 'pinza del sur'. Es la segunda en brillo, conocida también como Kiffa Australis, 'plato del sur'; es una binaria de color blanco-azulado. *Beta* de Libra, llamada Zubenelschemali o Zubeneschamali, 'pinza del norte'. Es la más brillante de la constelación y ha sido descrita con frecuencia como una estrella verde, la única de este color visible a simple vista. *Gamma* de Libra, denominada Zuben Elakrab o Zubenelakrab, 'pinza del escorpión', es una gigante amarilla-anaranjada que forma

el plato superior de la balanza. *Delta* de Libra, Brachium o Zubenahakrabi, es una gigante roja. Bayer la catalogó como *Gamma* de Escorpio>>.

—Hola Marcos —saludó Antonio—. A él le gustan más las leyendas mitológicas sobre las constelaciones.

Todo el grupo volvió la vista hacia mí. Y muy a mi pesar, como de costumbre, me ruboricé.

—Acércate y cuéntanos lo que dice la mitología sobre Libra —me espetó mi amigo.

Me debió ver tan turbado que, acercándose a mí, me tomó del brazo mientras me decía:

—Tú comienza que yo te ayudaré.

—Pues que Libra —comencé a decir con voz entrecortada— fue relacionada en la antigua Grecia con la balanza de Mechus, a quien se cree inventor de las pesas y las medidas. Pero, en la leyenda más antigua, también de origen griego, Libra representa la balanza que Temis, la diosa de la Justicia, utilizaba para pesar las cargas de acciones buenas y malas de los mortales, que determinaban su destino. En otras leyendas Libra fue relacionada con la diosa Harmonía, hija de Venus y Marte, cuyo matrimonio con Cadmo, propició la rivalidad entre los dioses para elegir los regalos de boda. Harmonía recibió un magnífico manto de Atenea, diosa de la sabiduría y un collar hecho por el mismo Hefestos, dios del fuego y la forja. Desde este momento el lujo quedó vinculado a la constelación de Libra, lo mismo que el buen gusto, la armonía y la concordia. En la antigua Roma también se vio en esta constelación una balanza

que representaba la igual duración del día y la noche, el equinoccio de otoño. El emperador romano Julio César la consideró el símbolo de su gobierno.
Pero a mí la leyenda que más me gusta es aquella en la que esta constelación representa el carruaje dorado de Hades, dios del inframundo, en el que subía al mundo superior para visitar a las ninfas. Hades era hermano de Zeus, el dios todopoderoso, y de Poseidón, dios de mares y océanos, de los terremotos y de los caballos. El carruaje era tirado por cuatro corceles negros. En uno de sus viajes al mundo superior para seducir a las ninfas conoció a Perséfone, hija de Deméter y Zeus. Y se enamoró de ella de tal forma que la secuestró y se la llevó en su carro dorado al mundo interior, donde la hizo reina. Deméter, al ver a su hija secuestrada, consiguió que los dioses del Olimpo enviaran a Teseo y a Peiriteos al inframundo para rescatarla. Pero fueron capturados por Hades. Hércules, héroe dotado de una gran fuerza, bajó al inframundo, enviado por Deméter, para rescatar a Teseo y Peiriteos, pero sólo pudo rescatar al primero, quedando Peiriteos para siempre en poder de Hades. Deméter, entonces, al comprender que había perdido a su hija y, aprovechándose de su poder como diosa de la agricultura, decidió vengarse provocando una pertinaz sequía, que impidió germinar a las semillas y puso en peligro el pago de los tributos a Zeus. Entonces, el dios todopoderoso, que en principio se había mostrado indiferente, no pudo soportar aquella situación, por lo que consiguió de su

hermano Hades que Perséfone pasara cuatro meses con su marido y el resto del año con su familia.

Se hizo un silencio que pesaba sobre mí como una losa. Fue un momento de desconcierto durante el cual no sabía donde mirar ni a quien mirar.

—Marcos es ya un experto en el manejo del telescopio —dijo la voz salvadora de mi amigo— y un entusiasta de las leyendas mitológicas.

—Para los griegos —continuó mi salvador— esta constelación simbolizaba la rivalidad muerte-vida, reflejada en la vida de Perséfone. Los cuatro meses que pasaba con su marido simbolizaban el invierno, meses en los que la naturaleza parece aletargarse, y el resto de meses del año, a partir del veintiuno de marzo con la llegada de la primavera, cuando Perséfone subía a los Campos Elíseos, lugar de existencia feliz en medio de paisajes verdes y floridos, simbolizaban el renacer de la vida.

—Volviendo a la época de los romanos, para los que esta constelación representaba la igual duración del día y la noche —dije ya desinhibido—. Los equinoccios tienen lugar en marzo y en septiembre. Se llaman equinoccios, porque marcan los dos momentos del año en que el día y la noche tienen la misma duración en todos los lugares de Tierra. En el hemisferio norte terrestre, donde nos encontramos, el equinoccio de primavera se da en marzo. Marca el punto en que la trayectoria del Sol corta al plano del ecuador terrestre y el momento del paso del invierno a la primavera. Este punto se denomina *punto Aries,* porque

estaba frente a la constelación Aries. Del mismo modo ocurre con el denominado *punto Libra,* que marca el paso del verano al otoño, en el mes de septiembre, se daba en la constelación Libra.
Actualmente ninguno de los puntos equinocciales está en la constelación que los da el nombre. El *punto Aries* está en Piscis y el *punto Libra* está en Virgo.

Los aplausos rompieron el silencio. Yo también aplaudí a mi amigo, hasta que descubrí que aquellos aplausos eran para mí.

Y quedé en silencio, asombrado por haber sido capaz de explicar todo aquello que, ni yo mismo era consciente de que lo sabía. Sin duda todo se lo debía a Antonio, mi amigo, mi guía estelar.

ESCORPIO

El Escorpión

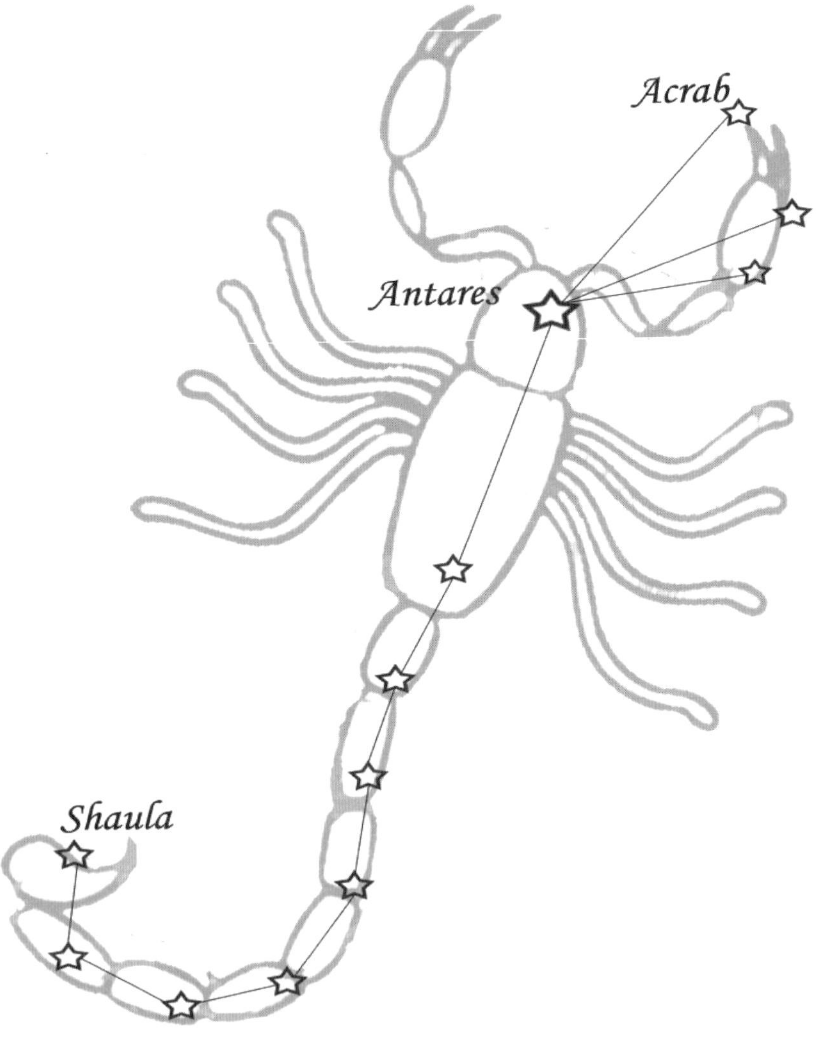

XXIV

Aquella noche mi amigo Antonio, <<el de las estrellas>>, parecía tener prisa.

—Hoy observaremos Escorpio, el Escorpión —me dijo.

Y sin esperar respuesta alguna comenzó.

—Escorpio, el Escorpión, es una bonita constelación del hemisferio sur con forma de escorpión. El Sol en su recorrido anual sólo la cruza por su zona norte, donde linda con Ophiuco, motivo por el cual no les falta razón a aquellos que opinan que ésta, Ophiuco, debía incluirse como la décimo tercera constelación del Zodiaco. Se puede observar en el hemisferio norte durante los meses de abril a septiembre, es una constelación estival. Es fácil de identificar por su forma y por el brillo de su estrella principal Antares, de color rojo.

El Sol permanece en esta constelación durante siete únicos días, para pasar a Ophiuco. Suele ser la última semana de noviembre cuando permanece en Escorpio.

Antonio no me dio tiempo ni lugar para decirle que ya sabía lo que me estaba contando. Él siguió con su relato, haciendo como si yo no estuviera a su lado.

—Al formar parte de una constelación zodiacal podemos contemplar a lo largo del año los planetas y la Luna que en ocasiones pueden llegar a ocultar a Antares, fenómeno espectacular visible a simple vista

El ecuador de la Vía Láctea pasa por Escorpio, ya que la cruza de noroeste a sur, por lo que esta constelación es rica en cúmulos estelares, globulares y nebulosas difusas, visibles en su mayoría con pequeños telescopios. Limita al norte con la constelación de Ophiuco; al este con Libra y Lupus; al sur con las constelaciones de Ara y Norma y al oeste con Corona Australis, Sagitario y de nuevo Ophiuco.

—Es que lo que quiero conocer son sus estrellas más destacadas —dije con voz insegura, preguntándome el porqué de aquellas prisas o quizás sospechando que estaba enfadado conmigo.

—Si, pero hoy nos tenemos que contentar con hablar solamente. No las podremos observar porque alguien ha andado enredando con el telescopio y lo tengo que arreglar —exclamó con voz cortante.

—Yo no lo he tocado —contesté rápidamente con afán de alejar de mí toda sospecha.

—Lo sé, por eso no te culpo —respondió esbozando una sonrisa al fin.

—Vayamos a las estrellas, —me dijo sin perder un instante—. *Alfa* de Escorpio, llamada también Antares, de un espectacular color rojo, es visible a simple vista. Se trata de una supergigante roja. Al observarla con un telescopio detectamos que es una estrella doble cuya componente tiene color azul, que con la intensidad rojiza de Antares parece verde. *Beta* de Escorpio, Acrab, <<el alacrán>> o Grafias, <<las garras>>, se sitúa al norte de la constelación y forma parte de las pinzas del escorpión. También es una estrella doble, formada por dos componentes, ambas azules. *Delta* de Escorpio, Dschubba o Dzuba, se sitúa en las pinzas del escorpión, al sur de *Beta*. Es una gigante azul.

Mi amigo parecía ya recuperado de su contrariedad. El telescopio no estaba roto, simplemente lo habían desequilibrado, pero era suficiente para que Antonio se quejara. Para él, que trataba a aquel instrumento con excesivo mimo, aquello era una tragedia.

—Mientras pongo en orden el telescopio, —me dijo ya calmado— te contaré el mito de Escorpión y Orión, que es quizás la leyenda más famosa relacionada con la mitología celeste.

Escorpio es una constelación cuya forma recuerda realmente a un escorpión, por lo que es muy llamativa, especialmente debido al extraordinario brillo de sus estrellas principales, entre las que destaca, como ya te he dicho, la roja Antares. Es una constelación de origen mesopotámico, como la mayoría de las zodiacales o del <<Camino de la Luna>>, como se las denominaba. La primera referencia clara a esta constelación la encontramos en las tablillas de Mul-Apin, redactadas en

Asiria durante el siglo VII a. C., aunque, sin duda, su origen lo podríamos situar alrededor de trescientos años antes. Si nos remontamos hacia atrás en el tiempo, podemos ver esta constelación en los <<kurrudus>>, casitas de Babilonia de mediados del segundo milenio antes de Cristo, siendo el escorpión una de las figuras que con mayor constancia aparece en éstas. Tanto en las tablas de Mul-Apin como en los <<kudurrus>, esta constelación representa el escorpión de la diosa Ishhara o Ishkhara, diosa semita del Amor. Ésta misma aparece como diosa guerrera en otras tradiciones. A veces aparece como esposa del dios Dagan, dios semita agricultor, a quien se considera inventor del arado.
Esta constelación es una de las pocas que aparecen mencionadas en la Biblia, en el Libro de Job.

Mi amigo definitivamente había olvidado el incidente del telescopio.

Aquel instrumento, lleno de magia, ya estaba dispuesto para poder comenzar mi aventura estelar de aquella noche.

—Ahí tienes Antares —me dijo separándose del telescopio, al mismo tiempo que me ofrecía el lugar de observación.

En cuanto me apliqué al ocular del telescopio me encontré navegando en un mar destellante y multicolor que amenazaba con hacerme naufragar. Buscaba con avidez la constelación de Orión para no perder mi orientación, cuando una mano invisible me tomó del brazo, sacándome de aquella tormenta de meteoritos.

Desconcertado, por un momento no supe dónde me hallaba.

—Busco las estrellas de Orión, porque después quiero observar la constelación de Escorpio, que está en el lado opuesto —exclamé sin estar seguro de a quien me dirigía.

Al instante un gigante espectral que parecía ocupar todo el universo, apareció ante mí.

—Yo te guiaré, aunque te advierto que no me acercaré a Escorpio, no me llevo bien con ese escorpión venenoso —me respondió aquel gigantesco espectro.

Comencé a sospechar entonces que estaba ante el espíritu de Orión, el Cazador, del que me había hablado Antonio. Todo coincidía.

—Soy Orión, el gran Cazador, hijo de Poseidón, dios del Mar y de Gea, la Madre Tierra.

Lo recordé rápidamente. Era aquel gigante, poseedor de una gran belleza, que era capaz de andar por el fondo de los mares sin que el agua lo cubriera más arriba de los hombros. Aquel que se enamoró perdidamente de Mérope, hija del rey Enopión, en la isla de Quíos.

—Cuando vivía en la isla de Quíos, me quise casar con la bella Mérope, pero su padre, el rey, me puso a prueba. Me pidió que acabara con todas las alimañas, animales dañinos, que asolaban las cosechas de la isla. Yo cumplí con lo prometido, pero Enopión se negó a que me casara con su hija. Dolorido busqué en vano al monarca traidor al que pareció habérsele tragando la tierra.

Yo recordaba cómo el Cazador, enfurecido, comenzó a matar, sin piedad, con sus flechas a todos los animales que salían a su paso fueran dañinos o no. Tal fue el exterminio que Gea, su madre, tuvo que intervenir para pedirle que cesara aquella matanza inútil. Pero no accedió a las súplicas de su madre y continuó matando y vanagloriándose ante los demás de que ni tigres, ni serpientes, ni leones, ni panteras eran capaces de escapar de sus endiabladas flechas.

—Hasta mi madre se puso en mi contra. Un día que comentaba con mis amigos las hazañas de caza, apareció un escorpión, que ella había enviado sin yo saberlo. Al verlo tan pequeño y aparentemente inofensivo, me confié y en un descuido me clavó su venenoso aguijón en un pie. Aquel veneno, diluido en mi sangre, recorrió mi cuerpo y caí al suelo, fulminado, en trance de muerte. Aquella forma de morir era una humillación para mí, que era el gran Cazador. Entonces supliqué a Zeus que me colocara en el cielo junto a mis dos fieles perros de caza, *Can Maior* y *Can Minor*, para que los hombres me recordaran siempre.

Aquel gigante se olvidaba de contar que su fatal final le sobrevino por presumir de ser el mejor cazador de su época y por despreciar la pequeñez del escorpión.

Y siguió, presuntuoso, con su afán de poder, porque también omitió que había pedido a Zeus el dominio de las temperaturas, de las tormentas, de los terremotos, de los hielos y de los vientos, para así poderse vengar de su madre, Gea, la Madre Tierra. Él acusaba a Enopión de traidor, pero no parecía reconocer que era un hijo vengativo.

Desgraciadamente Zeus accedió a su petición y la Tierra tembló y así viene ocurriendo desde entonces. Cada vez que aparece Orión en el firmamento, la Tierra tiembla, porque sobrevienen los fuertes vientos, las tempestades, los hielos y la nieve que tan abundantes son durante el invierno, coincidiendo con el paso de la Tierra por esta constelación.

—Pero Zeus —continuó diciéndome— también puso en el cielo al escorpión que me picó, formando la constelación de Escorpio, que es la que buscas. Zeus la situó en el lado opuesto al que yo ocupo para evitar enfrentamientos, de forma que yo estoy en la bóveda celeste durante el invierno y cuando desaparezco, aparece Escorpio, en verano.

Yo, como comprenderás, no te puedo acompañar, pero te indicaré el camino, que no tiene pérdida.

Aquel gigante monstruoso y vengativo se mostraba conciliador. ¿Habría aprendido que la venganza sólo hace sufrir al que la practica?

Sumergido en mis propios pensamientos, me vi deslumbrado por el brillo rojizo de Antares, hasta el punto de hacer que me apartara del ocular.

Cuando retiré mi vista del ocular del telescopio, encontré a mi amigo enfrascado en la lectura de unos catálogos. Me sonrió y comenzando a cerrar la cúpula de observación me decía: <<Vamos a descansar. Es muy tarde. Hoy has disfrutado de lo lindo>>.

SAGITARIO

El arquero

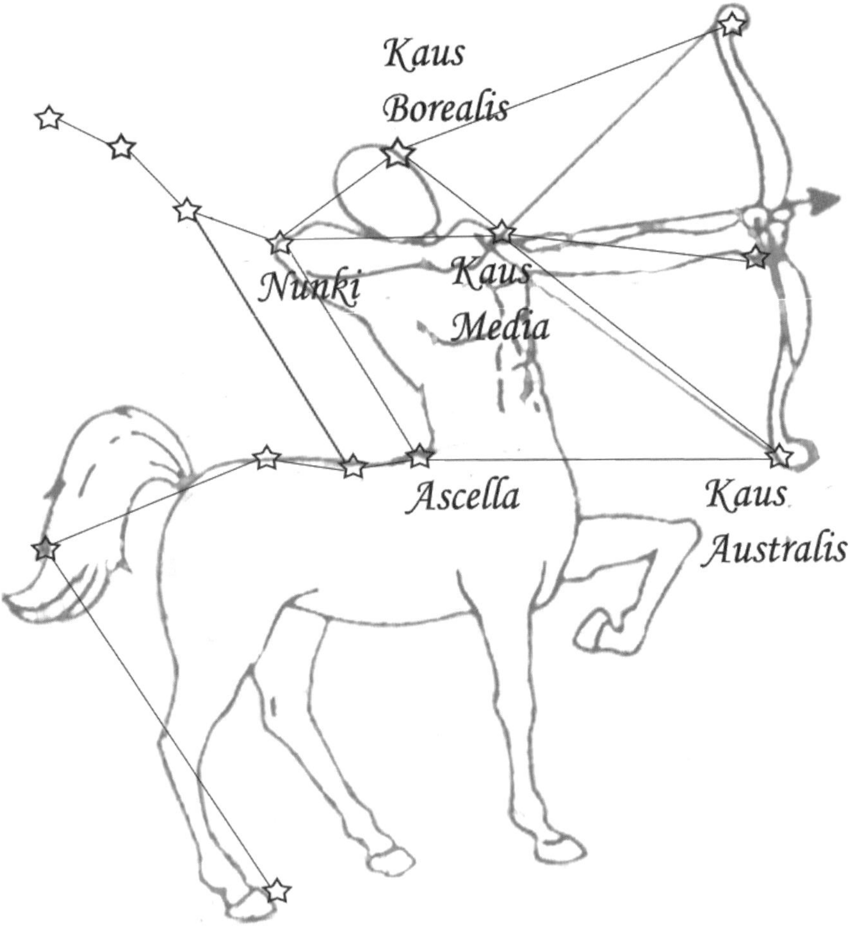

XXV

Aquel día de verano presagiaba despedida. Las cumbres, siempre teñidas de un azul turquesa, parecían haber perdido su brillo, envueltas por la tristeza; el pinar, donde se podía escuchar el suave y adormecedor murmullo de hojas, se encontraba silencioso; las calles del pueblo, que siempre me habían parecido tan pintorescas, no mostraban nada atractivo; el hotel con su cúpula blanca, que albergaba el telescopio... Todo lo que había formado parte de aquella época de mi vida ahora me parecía extraño, y yo un mero observador, ajeno a lo que me rodeaba.

¿Qué es lo que había cambiado? El paisaje era el mismo, las gentes también. Mis amigos como Julián, el Cacharrero, Venancio, el Filósofo, Manuel, el Pastor, Antonio, mi amigo Antonio, <<el de las estrellas>>, y algunos más me seguían demostrando su afecto. Incluso personas como la Chata o Teodora, la Gata o Mariano el dueño del bar, conocido por hacer verdaderos malabares con botellas y vasos, y, en general, todos me saludaban como si ya formara parte de su mundo. Las gentes de la comarca, encerradas en sí mismas, quizás por su aislamiento geográfico, me abrieron sus casas y sus corazones considerándome uno de ellos, tal vez porque yo amaba su tierra de la cual se sentían orgullosos.

Nada había cambiado. El que había cambiado, de forma imperceptible, era yo. Mis intereses ya no eran los mismos o habían aparecido en mi vida otros intereses más fuertes.

—Marcos, te veo muy pensativo —oí que me decía mi amigo Antonio, sacándome de mis reflexiones.

Antonio había acudido al hotel para reparar un televisor.

—Esta noche observaremos Sagitario. Es una constelación muy interesante, ya lo verás.

—Si, ya he leído algo sobre ella —respondí con poco entusiasmo—. El Sol la cruza entre el quince de diciembre y el diecinueve de enero. Sagitario, el Arquero, es una constelación generalmente representada como un centauro sosteniendo un arco. Se encuentra entre Escorpio y Capricornio.

—Esta constelación —replicó mi amigo— es la más visitada por los aficionados a la Astronomía, porque en ella hay muchos objetos del cielo profundo, cúmulos estelares y nebulosas. Al oeste de *Gamma* de Sagitario se encuentra el centro de la Vía Láctea.

Nos despedimos hasta la noche. Pero noté en mi amigo un excesivo deseo de seguir hablando conmigo. Normalmente ocurría al revés, era yo quien tenía la tendencia de acaparar su atención sólo para mí.

Pasé la tarde inmerso en mis tribulaciones de adolescente hasta que llegó Antonio.

—Vamos con los objetos del cielo más destacados de Sagitario —me dijo con actitud optimista.

Y siguió explicándome que la estrella *Alfa* de Sagitario, denominada Rukbat, es superada en brillo por varias estrellas de la misma constelación a pesar de tener la denominación de Bayer, *Alfa*; *Beta* de Sagitario, denominada Arkab, en realidad son dos estrellas, Arkab Prior, estrella blanca-azulada, binaria y Arkab Posterior, gigante amarilla; *Gamma* de Sagitario, también dos estrellas, una variable y otra llamada Nash o Alnasl; *Delta* de Sagitario, Kaus Medius, Kaus Media o Kaus Meridionalis, estrella gigante de color naranja, cuarta en brillo dentro de la constelación; *Épsilon* de Sagitario, Kaus Australis, la más brillante, estrella gigante blanca-azulada; *Zeta* de Sagitario, Askella o Ascella, la tercera más brillante, estrella binaria con ambas componentes blancas; *Lambda* de Sagitario, Kaus Borealis, también gigante de color naranja; *Mi* de Sagitario, Polis, supergigante blanca-azulada binaria; *Pi* de Sagitario, Albaldalah, sistema estelar triple; *Sigma* de Sagitario, Nunki, segunda estrella más brillante a pesar de tener la denominación de Bayer, *Sigma*.

Me asaltó una duda. No sabía si mi amigo alargaba tanto su explicación porque realmente la constelación lo merecía o porque intentaba captar mi interés, que le parecía comenzar a decaer.

Recorrimos las estrellas con el telescopio y, ambos sin hacerlo explícito, convinimos en la necesidad de hablar en un rincón tranquilo del salón del hotel.

—Sé que los viajes con tus abuelos están llegando a su fin, —comenzó diciéndome con semblante serio y solemne—. Todo tiene un principio y un final. Te has hecho mayor y tu vida ha cambiado y seguirá cambiando. Tú ya no eres aquel niño candoroso y preguntón, que apareció por estos lugares y nos enamoró a todos los que te conocimos. Pero la experiencia de los años me dice que recordarás todo esto y algún día volverás. Sin embargo, para entonces todo habrá cambiado realmente, ya no será lo mismo. El tiempo, en su transcurrir inexorable, habrá dejado su huella de cambio. Y tú tampoco serás el mismo, porque en ti dejará también su huella. Habrás crecido, y no sólo en estatura. Pero volverás, y yo te esteré esperando.

Adiviné en las palabras de mi amigo cierto aire de melancolía. Y comprendí que aquello era una auténtica despedida. No me faltaron deseos de decirle que seguiría acudiendo a mi cita todos los fines de semana como hasta entonces, incluso en aquel momento me hubiera gustado que todo siguiera igual, pero una voz en mi interior me avisaba de que me engañaba a mí mismo.

—Claro que volveré a verte —repliqué con fuerza— todavía me tienes que contar mucho sobre Astronomía.

—Pues sigamos con Sagitario —me respondió sobreponiéndose al momento—. Hubo una gran controversia entre los mitólogos antiguos sobre si esta constelación representaba o no un Centauro. Eratóstenes e Higinio se inclinaron por la opinión de que no era un Centauro, afirmando que ningún centauro había usado el arco. Defendieron que se trataba de un sátiro llamado Croto, que vivía en compañía de las Musas, en el Helicón. Croto además de inventar el arte de disparar flechas, inventó el aplauso, mientras escuchaba a las Musas. Entonces, éstas complacidas, pidieron a Zeus que pusiera a Croto entre las constelaciones.

Otros creen que es la imagen del centauro Quirón, una criatura que se distinguía de las demás por su sabiduría y conocimientos. Nació de los amores de Chronos y la ninfa Filira y era mitad hombre, mitad caballo, porque su padre tuvo que convertirse en caballo para engendrarlo. Su madre llena de espanto por haber traído al mundo semejante monstruo, rogó a los dioses que la trasformaran, por lo que fue convertida en tilo, un árbol.

Quirón fue instruido por Apolo y Artemisa en las artes de la medicina y la caza, estableciendo su consulta en una gruta. Contó con numerosos discípulos entre los que se encontraron Cástor, Póllux, Ulises, etc. Pero durante un combate fue herido con una flecha impregnada con sangre de la Hidra de Lerna. La herida le produjo unos dolores tan horribles que, a pesar de ser inmortal, no quiso seguir viviendo eternamente en agonía. Entonces, con el permiso de los dioses, ofreció su inmortalidad a Prometeo, muriendo poco después. Y Zeus lo subió al cielo en la constelación de Sagitario, el Arquero.

Ya era bien entrada la noche. Antonio se levantó al mismo tiempo que me decía: <<No olvides nunca que al telescopio hay que cuidarlo y tratarlo con mimo>>.

Y aquella frase de mi amigo, de nuevo, me sonó a despedida.

XXVI

No sé cómo ni por qué, pero mi vida cambió. Aquellos viajes, mis amigos, aquellas gentes, el hotel, el telescopio, las subidas a la montaña, los relatos... Todo pasó a ser un hermoso recuerdo. Recuerdo que guardo como mi mejor tesoro, hasta el punto de refugiarme en él cuando me encuentro triste. Y es capaz de paliar mis tristezas, porque allí aparecen los momentos más apreciados de mi infancia y primera época de adolescente: las enseñanzas de mi abuelo, que era un sabio; las explicaciones de Antonio, <<el de las estrellas>>, que lo sabía todo sobre el cielo; los relatos fascinantes de Julián, el Cacharrero, de Venancio, el Filósofo, de Manuel, el Pastor... ; las figuras pintorescas de Teodora, la Gata, de Piedad, la Chata...; y lo más importante, quise y me sentí querido. Es un recuerdo que me reconforta y me llena de fuerza para enfrentarme a la vida. Me ayuda a superar dificultades, en la <<lucha por la supervivencia>>, que un día, en otro sentido, descubrí en plena montaña, cuando todo era más fácil para mí.

Volví en algunas ocasiones y de vez en cuando vuelvo, pero ahora la realidad me muestra, como ya me había advertido mi amigo, Antonio, que se ha producido un cambio. Ya no soy yo, o mejor dicho mis intereses, lo que ha cambiado, también lo han hecho el paisaje y las personas. <<El tiempo, inexorable, dejará su huella>>, recordé la frase de mi amigo. Aquellas pequeñas poblaciones de casas con paredes añosas, pero consistentes, se habían visto inundadas por las nuevas construcciones.

Manuel, el Pastor, fue el primero en partir y nos quedamos sin su conocimiento exhaustivo, y por ello pormenorizado, de la serranía; Julián, el Cacharrero, se marchó para siempre, llevándose consigo su cofre lleno de relatos y, por qué no confesarlo, un rincón de mi corazón; también Venancio, el Filósofo, nos dejó y con él desapareció su figura, su porte de filósofo de la antigüedad, que ponía contrapunto al paisaje. Antonio ya no recibía avisos de Teodora, la Gata ni de Piedad, la Chata, para que reparara sus electrodomésticos. Ambas llegaron a formar parte de nuestra vida cotidiana, o porque sus electrodomésticos eran viejos y se rompían con frecuencia o, quizás, por su insistencia cada vez que tenían una avería en ellos.

<<Es ley de vida>>, me decía mi abuelo para consolarme. Pero, a pesar de comprender que ya eran muy mayores, sentí su ausencia y me apenó su marcha.

Con Antonio seguí y sigo hablando por teléfono a menudo. Antonio, mi amigo Antonio, <<el de las estrellas>>, fue y es una persona entrañable, un amigo distinto y especial. Es alguien así como mi abuelo, que es un sabio, sólo que Antonio lo sabe todo sobre las estrellas y mi abuelo lo sabe todo de todo. Seguimos conservando nuestra común afición a observar las estrellas y, por lo menos una vez al año, voy a visitarlo.

—Llega temprano —me dice siempre, cuando le anuncio mi llegada.

Y nuestras conversaciones se alargan tanto que a veces me quedo a dormir en su casa para no regresar de noche.

Sigue siendo para mí una persona admirable y cuanto más lo conozco, más admirable me parece.

Sonríe encantado cuando le digo que ya sé lo que es ser autodidacta.

Mis abuelos son ya muy mayores. Con frecuencia recordamos juntos aquellos viajes.

Antonio, siempre que puede, nos visita y lo primero que me pide es ir a saludar a mis abuelos. <<Somos como un a gran familia>>, me dice siempre.

Mi hermana y yo seguimos manteniendo las mismas o parecidas polémicas. Me sigue gustando hacerla rabiar. Y mi abuela, aunque no con la misma fuerza que antes, nos sigue diciendo: <<Sois como niños, parece que no habéis crecido>>.

El ruido de la llave al girar en la cerradura de la puerta me sacó de mis pensamientos. Eran mis padres y mi hermana que regresaban a casa.

COLECCIÓN NUEVA LITERATURA

Los Ensueños del Tiempo.
Judith Bosch Molina.

El martillo de los tontos. (Malleus Tontorum).
Fernando Castaño Sequeros.

El Rey de las Mariposas.
Sebastián Pinto.

Psique.
Fernando Castaño Sequeros.

Las Tres Partes.
Manuel González.

El Patio Interior.
Leopoldo F. Espínola Guzmán.

Orbitales.
Victoria Méndez.

COLECCIÓN ABIERTA:

Cuentos, historias y... de amor, humor y sexo. José Castro del Río.

Aprender a cocinar (Para niños, adolescentes y adultos inexpertos). José Jiménez Ortega.

Las mejores recetas de las mejores ventas, tabernas y restaurantes de España. José Jiménez Ortega, David Lorenzo Sánchez.

Teatro: Historia en pasado de un próximo futuro que comienza a ser presente / Elena / La conferencia. José Jiménez Ortega.

Teatro 2: Escenas de nuestra España/Madre va morir. José Jiménez Ortega.

Rubaiyat.
Omar Khayyam

COLECCIÓN ESTUDIANTES HOY:

Método para el desarrollo de la comprensión lectora Vol.1. José Jiménez Ortega.

Método para el desarrollo de la comprensión lectora Vol.2. José Jiménez Ortega, Julia Alonso Obispo.

Método para el desarrollo de la comprensión lectora Vol.3. José Jiménez Ortega, Marco Jiménez Román.

Método para el desarrollo de la comprensión lectora Vol.4. José Jiménez Ortega, Isabel Jiménez de la Calle.

Método para el desarrollo de la comprensión lectora Vol.5. José Jiménez Ortega, Almudena Martín Cruz.

Método para el desarrollo de la comprensión lectora Vol.6. José Jiménez Ortega, Mª Luisa Alonso Ortiz.

Mejorar la comprensión lectora 1 (E.S.O.). José Jiménez Ortega, Fátima Sousa Salguero.

Mejorar la comprensión lectora 2 (E.S.O.). José Jiménez Ortega, María Varela Cuevas, Teodoro SaturninoSanchís

¡Qué fácil es leer! Vol.1. José Jiménez Ortega, Julia Alonso Obispo.

¡Qué fácil es leer! Vol.2. José Jiménez Ortega, Julia Alonso Obispo.

¡Qué fácil es leer! Vol.3. José Jiménez Ortega, Julia Alonso Obispo.

Dificultades en la lectura y escritura (Programa de prevención y recuperación. Alumnos). José Jiménez Ortega, Julia Alonso Obispo.

Los mejores hábitos y técnicas de estudio 1 (Educación Primaria). José Jiménez Ortega, Fátima Sousa Salguero.

Los mejores hábitos y técnicas de estudio 2 (Educación Primaria). José Jiménez Ortega, Montserrat Madrid Matarán.

Método para desarrollar los hábitos y técnicas de estudio (Educación Secundaria). José Jiménez Ortega, Juan González Torres.

Método para desarrollar los hábitos y técnicas de estudio (Bachillerato y Universidad). José Jiménez Ortega, Juan González Torres.

El teatro en la escuela.(Aprender y hacer)
José Jiménez Ortega, David Lorenzo Sánchez.

Valores para los alumnos/as de educación secundaria (experiencias de una paralítica cerebral en el camino de Santiago). José Carrascosa, José Alberto Vidaurre, Ester Vidaurre, Equipo La Tierra

*¡Voy a escribir ya!(Método grafomotriz)-(Volumen 1).*José Jiménez, Julia Alonso Obispo.

*¡Voy a escribir ya!(Método grafomotriz)-(Volumen 2).*José Jiménez, Julia Alonso Obispo.

Restar y Razonar. José Jiménez Ortega, Nuria López Bellestero

Multiplicar y Razonar. José Jiménez Ortega, David Lorenzo Sanches